U0325141

掰老师以独特的插画风格和严谨的科学态度，将古生物的奇妙世界呈现得淋漓尽致。他总有办法把晦涩难懂的古生物知识用轻松幽默的方式呈现在读者前，这是我很羡慕的一种能力。他的作品让我们领略到了古生物的魅力，让我们对自然世界的奇妙有了深刻的认识。这本书既适合插画爱好者欣赏，也适合对古生物知识感兴趣的读者收藏。强烈推荐给所有喜欢自然、喜欢插画的朋友们！

—— 植物眼青山

书中介绍的每个物种都有分布、生存时间、种类、体长等详细信息，作者还提炼出最有趣、最值得科普的内容进行漫画创作。你既可以当工具书查阅，又可以当科普书阅读。

—— 高源
国家自然博物馆

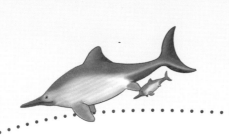

　　人们通常厌于科普书籍严肃的风格，但本书的作者却奇思妙想地凭借精思巧妙的画风和丰富的最新知识换了一种轻松愉悦的方式，展现了地球万卷书当中奇妙的诸多瞬间和不断更新的科学知识，让读者可以轻松感受远古生命的奇迹，解开生命演化中迷人的谜底。

—— 菊石君

　　我从未想过古生物知识也可以用这么可爱却不失严谨的方法来呈现，简简单单的只言片语搭配上有趣的插图，让人不知不觉地就把一本书给读完了，收获快乐的同时也把知识留在了脑海中，可以说是我能想到的科普作品的最高境界了。

—— 唐骋

中国科学院脑智卓越中心博士、B 站科普 UP 主——鬼谷藏龙

海洋动物大派对

蔡沁 著

CIS K 湖南科学技术出版社 · 长沙

图书在版编目（CIP）数据

海洋动物大派对 / 蔡沁著 . — 长沙：湖南科学技术出版社，2023.10（2024.4 重印）（史前生物你叫啥）
ISBN 978-7-5710-2480-2

Ⅰ.①海… Ⅱ.①蔡… Ⅲ.①海洋生物-古生物-少儿读物 Ⅳ.① Q91-49

中国国家版本馆 CIP 数据核字 (2023) 第 181503 号

HAIYANG DONGWU DA PAIDUI
海洋动物大派对

著　　者：蔡沁
出 版 人：潘晓山
责任编辑：李文瑶　梁蕾　王舒欣
出版发行：湖南科学技术出版社
社　　址：长沙市芙蓉中路 416 号
网　　址：http://www.hnstp.com
印　　刷：长沙市雅高彩印有限公司
　　　　　（印装质量问题请直接与本厂联系）
厂　　址：长沙市开福区中青路 1255 号
邮　　编：410153
版　　次：2023 年 10 月第 1 版
印　　次：2024 年 4 月第 5 次印刷
开　　本：787 mm X 710 mm 1/16
印　　张：8.5
字　　数：108 千字
书　　号：ISBN 978-7-5710-2480-2
定　　价：48.00 元

（版权所有，翻印必究）

来一场史前穿越之旅

还记得曾听一位老师说，喜欢恐龙就如长水痘，几乎每个小朋友在童年阶段都会经历一次。只不过有的小朋友随着年龄增长就获得了免疫力，有的小朋友即使长大成年也无法抵挡对恐龙的狂热，一见到恐龙就两眼放光……很显然我属于后者。由恐龙再到奇虾、猛犸象、刃齿虎……所有史前生物看起来都是如此迷人。作为一位95后，不用说《蓝猫淘气三千问》《大雄的恐龙》《奇奇颗颗历险记》等动画片，更不用提《侏罗纪公园》《冰河世纪》《博物馆奇妙夜》等科幻电影，还有家里床头、书架和桌上堆满的各种各样的古生物科普书，它们陪伴着我童年的大部分时光。得益于互联网的

蓬勃发展，以往触不可及的资料和信息都变得唾手可得，足不出户就能浏览世界各地的古生物新研究，还能和五湖四海甚至国外的爱好者沟通交流。

地球在46亿年的时间里，诞生过无数奇怪的古生物。它们都因为各种各样的原因湮没在岁月的长河中，只能通过化石和其他蛛丝马迹来悄悄地诉说着远古的故事。然而，晦

涩的论文资料和生冷的化石标本让很多人望而却步，错过了解古生物可爱之处的机会。你知道鹦鹉嘴龙是什么颜色的吗？你知道霸王龙的叫声听起来是咋样的吗？你知道薄板龙长长的脖子是做什么用的吗？面对神奇的史前生物，我萌生出用科普画介绍古生物的想法。最初是在微博上以"古生物也能这么萌"更新，后来机缘巧合下又在《博物》杂志上以"史前奇葩说"专栏形式连载。说来惭愧，我没有接受过系统性的美术培训，创作的内容也有不少瑕疵，但拙作连载至今受到不少网友和读者的喜爱，3年来相关话题的阅读量已突破7500余万次，希望连载内容集合成书的呼声也越来

高。不得不说，一般科普创作写、画择其一，同时要完成科普文章和科普插画的工作是个难度不小的任务，这也给了我极大的压力。在湖南科学技术出版社的编辑们耐心的策划，以及一众好友的鼓励和帮助下，这套《史前生物你叫啥》的科普图书终于要面世了。

古生物的门类繁多、种类庞杂，受学识水平及个人精力的限制，书中只挑选了一部分有代表性或有趣的古生物来介绍。在第一册中将见到来自三叠纪长相奇怪的动物，以及恐龙的近亲和一些可爱的古鸟；在第二册中将会认识许多史前鱼类、远古鳄鱼和天空中的翼龙；而在第三册中会发现鱼龙、蛇颈龙和沧龙这三大

中生代海洋家族的秘密。这三册内容将暂时着眼于中生代，希望将来有机会能和各位朋友一探古生代和新生代的史前生物。古生物知识日新月异，所以书中很多知识可能都会随着时间推移而变化，欢迎各位读者朋友批评指正。

古生物的妙处我的笨笔写不出、画不出万分之一二，如果读者能从我的书中收获一丝丝快乐，我就心满意足了。

祝你阅读愉快。

蔡沁

2023 年 5 月

目录
CONTENTS

第一章

吞波逐浪！
鱼龙家族

第二章
蛇颈龙派对

第三章

沧龙！小小"蜥蜴"的逆袭史

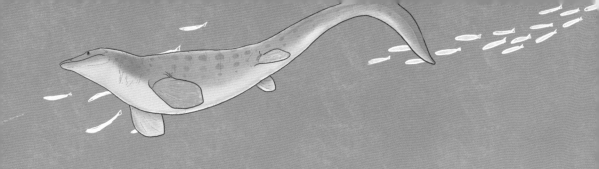

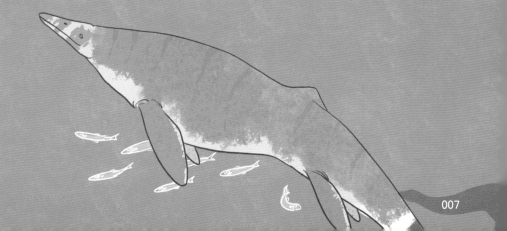

已经对中生代有了初步的了解了吗？
那就来一场中生代穿越之旅吧！

注意安全行驶，
危险动作请勿模仿。

如何阅读本书?

本书由三个不同的章节组成,在每个章节里你都能认识许许多多有趣又可爱的古生物。在物种介绍的页面你可以知道这些史前生物的名字、体长、分类、分布以及相关习性,并以物种复原图加小漫画的形式展现。

除了物种的具体介绍外,关于史前生物所在的生态环境、生物种类、发现的历程等知识你也能在书中找到。书中提及的古生物译名采用该物种目前规范通用的中文名,无中文译名的物种则根据其学名本意拟定译名。

古生物学是个日新月异的领域,本书提及的一些数据和观点可能会因为古生物学家的新发现而发生变化。

· 古生物属的中文译名

· 物种的分布、生存时间、种类和体长

· 古生物的属名

· 物种特点简要介绍

· 物种身体结构特点

· 复原图所展现的具体物种的中文名和拉丁文名

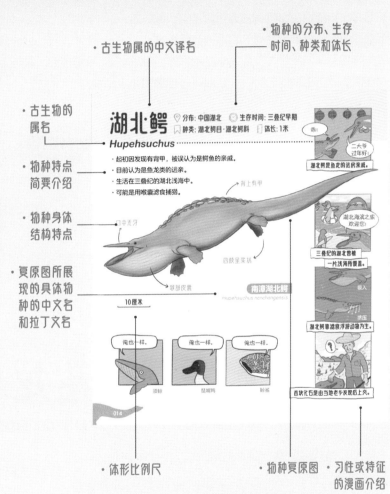

湖北鳄
Hupehsuchus ·······

分布: 中国湖北　生存时间: 三叠纪早期
种类: 湖北鳄目·湖北鳄科　体长: 1米

· 起初因为发现有背甲,被误认为是鳄鱼的亲戚。
· 目前认为是鱼龙类的远亲。
· 生活在三叠纪的湖北浅海中。
· 可能是用喉囊滤食捕猎。

背上有甲

口中无牙

四肢呈桨状

喉部皮囊

南漳湖北鳄
Hupehsuchus nanchangensis

10厘米

俺也一样。　俺也一样。　俺也一样。

须鲸　琵嘴鸭　鲸鲨

014

· 体形比例尺

· 物种复原图

· 习性或特征的漫画介绍

古生物的命名和分类

霸王龙、始祖鸟、三角龙……相信大家不用怎么思考就能说出好多古生物的名字。但你知道这些名字是怎么来的吗？它们拥有什么含义？古生物学家又是怎样为古生物命名的呢？当古生物学家发现古生物的化石后，会对其进行鉴定，如果察觉它的特征有别于之前已发现的物种，就会对这个新物种进行命名。古生物的命名和现代动物一样也遵照双名法（见后文），下面就以白垩纪晚期一种沧龙——奥氏磷酸盐龙为例说明。

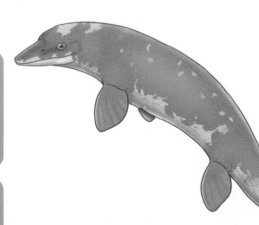

属名：通常由拉丁文构成，包括一些相似特征的物种。其中磷酸盐龙的属名 *Phosphorosaurus* 由 Phosphoro（磷酸盐的）+saur（蜥蜴）组成，意思是"磷酸盐的蜥蜴"，指其发现于磷酸盐矿。

中文名：通常由拉丁文学名翻译而来，国内出土的物种往往有专家拟定的中文名。

奥氏磷酸盐龙
Phosphorosaurus ortliebi Dollo, 1889

种加词：又称种小名，和属名共同组成物种的学名。两者组合能指示属内某个具体的物种。其中奥氏磷酸盐龙的 ortliebi 是纪念比利时古生物学家路易斯·道罗的好友让·奥尔特利布。

命名人和命名时间：注意命名时间不一定是化石发现时间。

界 奥氏磷酸盐龙　美溪磷酸盐龙　霍夫曼沧龙　灰蓝扁尾海蛇　奥斯本栉龙　狮　长托斯特蛸　动物界

门 奥氏磷酸盐龙　美溪磷酸盐龙　霍夫曼沧龙　灰蓝扁尾海蛇　奥斯本栉龙　狮　脊椎动物门

纲 奥氏磷酸盐龙　美溪磷酸盐龙　霍夫曼沧龙　灰蓝扁尾海蛇　奥斯本栉龙　蜥形纲

目 奥氏磷酸盐龙　美溪磷酸盐龙　霍夫曼沧龙　灰蓝扁尾海蛇　有鳞目

科 奥氏磷酸盐龙　美溪磷酸盐龙　霍夫曼沧龙　沧龙科

属 奥氏磷酸盐龙　美溪磷酸盐龙　磷酸盐龙

种 奥氏磷酸盐龙

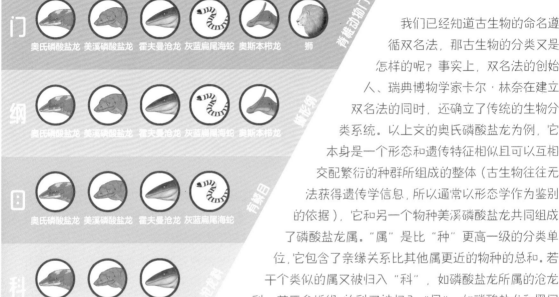

由小到大

我们已经知道古生物的命名遵循双名法，那古生物的分类又是怎样的呢？事实上，双名法的创始人、瑞典博物学家卡尔·林奈在建立双名法的同时，还确立了传统的生物分类系统。以上文的奥氏磷酸盐龙为例，它本身是一个形态和遗传特征相似且可以互相交配繁衍的种群所组成的整体（古生物往往无法获得遗传学信息，所以通常以形态学作为鉴别的依据），它和另一个物种美溪磷酸盐龙共同组成了磷酸盐龙属。"属"是比"种"更高一级的分类单位，它包含了亲缘关系比其他属更近的物种的总和。若干个类似的属又被归入"科"，如磷酸盐龙所属的沧龙科；若干个近缘的科又被归入"目"，如磷酸盐龙和黑尾海蛇、科莫多巨蜥等动物共同属于有鳞目；目以上又是更高级的"纲"，如恐龙、沧龙和翼龙等动物属于蜥形纲；纲再往上就是"门"，奥氏磷酸盐龙属于脊椎动物门，它包括了鱼类、哺乳类、两栖类和爬行类等许多物种；门又归入"界"，动物界包括无脊椎动物和脊椎动物等地球上所有动物。这就是生物的传统分类系统，庞大的古生物世界就是由一个个物种组成的。然而随着研究的进展，有时科学家会发现某个物种之前的鉴定是有误的，那这个物种的学名可能就要更改，分类单位或许也会随之变化。

* 左图各分类单位物种仅选取部分并不代表全部物种。

林奈生物分类法和分支系统学

卡尔·林奈（1707—1778）
瑞典博物学家，双名法创始人

由于语言、文化的差异，同一种生物在不同地区有着不一样的称呼。比如老虎这个物种，在中文叫"虎"，英语叫"Tiger"，俄语叫"тигр"。即使是同一种语言，随着历史变迁也会诞生不同的名字：我国古人称老虎就有大虫、山君、於菟等。这种情况很容易让不同国家的科学家在研究同一种生物时出现张冠李戴、一物多名的现象。那要怎么解决这一问题呢？林奈在1758年想出了好办法。他首创了双名法，即"属名+种加词"的固定格式作为生物的学名，这些学名一旦确定，除特殊情况外不予更改。如此这般，生物们仿佛有了身份证，只要说出物种的学名，即使是语言不同的学者也能明白对方说的是什么物种。

林奈创建双名法并建立"界门纲目"等传统分类系统后，新的问题又随之而来：那要选择什么语言文字作为生物的学名最合适？彼时林奈发现，无论是英语还是法语以及其他通用语言，构词和语法都会随着时间变化而发生变化，这样不利于学名的稳定。最终林奈选用了拉丁文作为学名的统一文字。拉丁文曾是罗马帝国的官方文字，并随着罗马帝国势力的扩张而广泛流行于欧洲各地，对西方各国产生了深远的影响，一度成为天主教的公用语。然而随着历史变迁，拉丁文逐渐成了一种"死语言"，即除了宗教神职人员和部分学者，几乎不再有人把其当作通用的日常语言来使用。如此一来，拉丁文相较于其他文字，其构词和语法变化较少，词汇的意思相对稳定。当研究人员说出物种的拉丁学名，即使大家来自不同的国家，也都知道他说的是什么物种。

然而，随着越来越多古生物被发现，科学家们发现了传统的林奈分类法有不少局限性。比如，有些物种之间的关系无法用"界门纲目"这些分类单位来界定时，相对死板固定的传统分类系统无法描述出这种更细致的分类关系。于是，现在科学家开始采用一种叫作系统发生（phylogeny）的分类系统，任何起源于同一祖先的所有物种组成的类群，都可以用系统发生里的分支表达出来。如右图展现了蛇颈龙目中的许多分支，就无法用传统林奈分类单位表达出来。像"真蛇颈龙类""隐锁龙类""奇颈龙类"这样的分类，都符合系统发生分类系统。但系统发生的出现，并不代表着林奈分类毫无可取之处。如今，古生物学家在做研究时，往往会将传统的

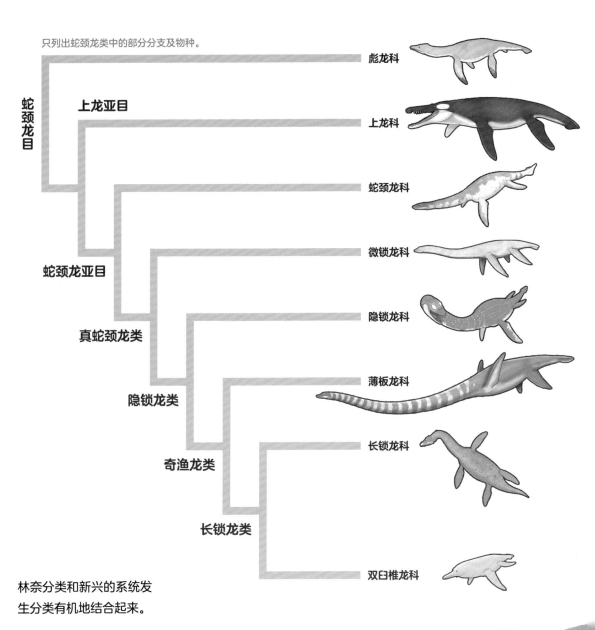

只列出蛇颈龙类中的部分分支及物种。

蛇颈龙目

上龙亚目

蛇颈龙亚目

真蛇颈龙类

隐锁龙类

奇渔龙类

长锁龙类

彪龙科

上龙科

蛇颈龙科

微锁龙科

隐锁龙科

薄板龙科

长锁龙科

双臼椎龙科

林奈分类和新兴的系统发生分类有机地结合起来。

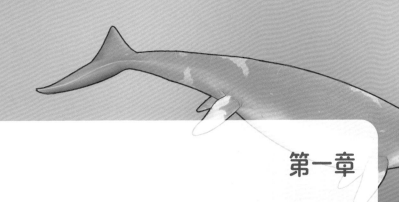

第一章

吞波逐浪！鱼龙家族

　　鱼龙是中生代最著名的海生爬行动物之一，它们自三叠纪诞生到白垩纪灭绝，演绎了一段可歌可泣的海洋开拓史。早在19世纪初，一位来自英国的小女孩在英格兰多塞特郡捡拾到了一些化石，从此开启了一扇人类了解鱼龙家族的大门。鱼龙是怎么觅食的？又是如何繁殖的？它们为何灭绝？快来寻找答案吧！

鱼龙是鱼吗?

　　虽然长相与鲨鱼或海豚十分类似,但鱼龙并非是鱼类或哺乳类动物,也不是海中的恐龙,而是一类海生爬行动物。鱼龙家族自三叠纪诞生,至白垩纪逐渐灭绝,几乎横跨整个中生代。据推测,鱼龙的祖先是一类生活在水边的陆生爬行动物,出于寻找食物及躲避天敌等原因,一步步走向水陆两栖,最终成功入海完全适应水生生活。

酷似甜甜圈的结构是鱼龙眼眶内的巩膜环,可以保护大大的眼球。视觉超级敏锐的鱼龙可以在昏暗海水里看清猎物。

长得像玉米棒的骨头是鱼龙肢体,它们已经特化为适合游泳的鳍状肢。演化过程中鱼龙指骨数量增加,逐渐呈圆盘形,可以在游动中控制方向。

◀ 首具完整鱼龙化石发现者——玛丽·安宁。

008

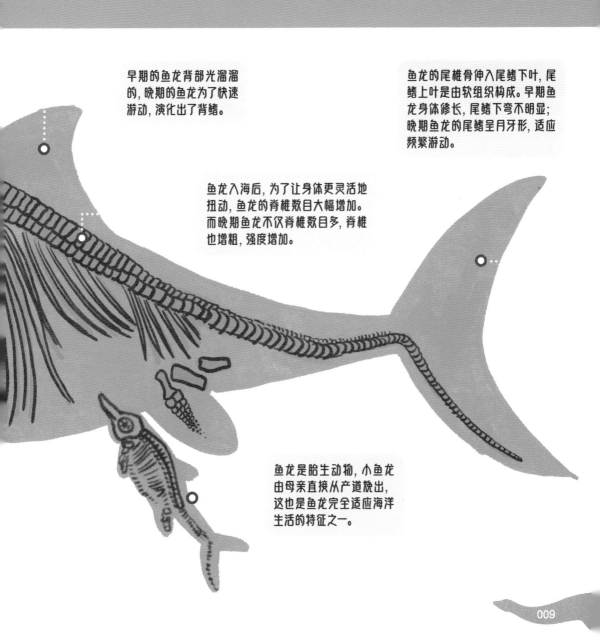

早期的鱼龙背部光溜溜的, 晚期的鱼龙为了快速游动, 演化出了背鳍。

鱼龙的尾椎骨伸入尾鳍下叶, 尾鳍上叶是由软组织构成。早期鱼龙身体修长, 尾鳍下弯不明显; 晚期鱼龙的尾鳍呈月牙形, 适应频繁游动。

鱼龙入海后, 为了让身体更灵活地扭动, 鱼龙的脊椎数目大幅增加。而晚期鱼龙不仅脊椎数目多, 脊椎也增粗, 强度增加。

鱼龙是胎生动物, 小鱼龙由母亲直接从产道娩出, 这也是鱼龙完全适应海洋生活的特征之一。

"化石猎人" 玛丽·安宁

玛丽·安宁出生于 1799 年，来自英国多塞特郡的一个普通木匠家庭。父亲在她 12 岁时染病离世，小玛丽和哥哥、姐姐开始去海滩捡拾化石售卖贴补家用。很快，小玛丽发现了一具鱼龙化石，这是史上第一具近乎完整的鱼龙化石，《自然科学会报》刊载了这一重大发现。1821 年、1828 年，玛丽·安宁又因先后发现了第一具蛇颈龙化石和第一具翼龙化石而轰动一时。玛丽·安宁在古生物学和分类学方面造诣惊人，彼时不少欧洲科学家上门拜访。安宁的杰出贡献让当时禁止女性参与的伦敦地质学会也破天荒地授予她荣誉会员称号。1846 年 3 月 9 日，玛丽·安宁罹患乳腺癌，病重离世，享年 47 岁。玛丽·安宁生活清贫，终身未婚，一辈子献身化石收集事业，推动古生物学发展的同时，也激励了世界各国的女孩们勇敢追逐科学梦想。

安宁的狗狗——特雷，为寻找化石助力良多。

玛丽·安宁的趣闻轶事

玛丽·安宁的小店曾在英国作家约翰·福尔斯的小说《法国中尉的女人》中登场。

邻居带一岁多的小玛丽看赛马，同行四人被闪电击中，三人丧生，仅玛丽安然无恙。

玛丽中年贫困潦倒，在朋友的帮助下出版描绘史前英国的版画，通过售卖版画为生。

尽管玛丽一生从未受过高等教育，仍有许多专家学者前来求教交流。

收集化石十分危险，受伤更是家常便饭。1833年，玛丽跌落悬崖，爱犬特雷直接被落石砸死。

相传玛丽的故事是英国绕口令"她卖掉海岸上的贝壳"（She sells sea shells by the sea shore）的由来。

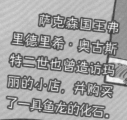

萨克森国王弗里德里希·奥古斯特二世也曾造访玛丽的小店，并购买了一具鱼龙的化石。

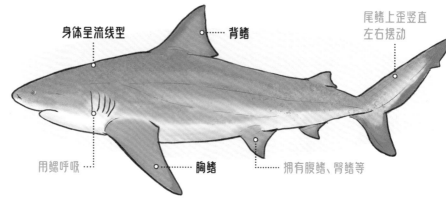

公牛真鲨

Carcharhinus leucas

生存时间: 现代
种类: 软骨鱼类

身体呈流线型

背鳍

尾鳍上歪竖直
左右摆动

用鳃呼吸

胸鳍

拥有腹鳍、臀鳍等

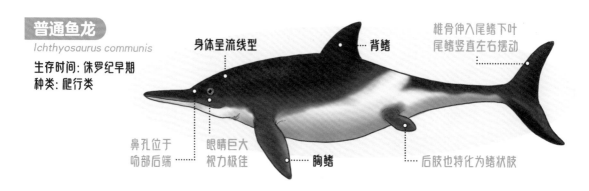

普通鱼龙

Ichthyosaurus communis

生存时间: 侏罗纪早期
种类: 爬行类

身体呈流线型

背鳍

椎骨伸入尾鳍下叶
尾鳍竖直左右摆动

鼻孔位于
吻部后端

眼睛巨大
视力极佳

胸鳍

后肢也特化为鳍状肢

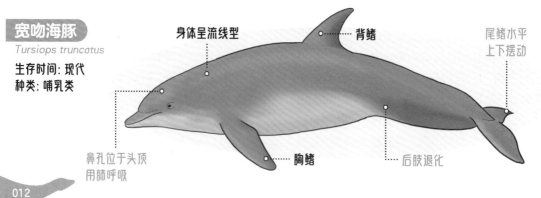

宽吻海豚

Tursiops truncatus

生存时间: 现代
种类: 哺乳类

身体呈流线型

背鳍

尾鳍水平
上下摆动

鼻孔位于头顶
用肺呼吸

胸鳍

后肢退化

趋同演化的秘密

绿紫耳蜂鸟
种类: 雨燕目·蜂鸟科

小豆长喙天蛾
种类: 鳞翅目·天蛾科

欧亚鼯鼠
种类: 啮齿目·松鼠科

蜜袋鼯
种类: 双门齿目·袋鼯科

袋狼
种类: 袋鼬目·袋狼科

狼
种类: 食肉目·犬科

鲨鱼、鱼龙和海豚是趋同演化的经典案例。什么是趋同演化呢？所谓趋同演化是指亲缘关系较远的生物，由于生活环境相近，为满足某些生存需要而演化出类似的身体构造或生理功能。比如我们常常能在花园中看到"蜂鸟"飞舞，但真正的蜂鸟生活在美洲，我们中国能见到的其实是一类长相酷似蜂鸟、名为天蛾的昆虫。此外，有袋类哺乳动物中的蜜袋鼯、袋狼，分别和胎盘类哺乳动物中的鼯鼠、狼也十分相像，但它们之间亲缘关系并不近。从天空到海洋，趋同演化的例子非常多，足以见大自然的神奇。

湖北鳄

📍 **分布:** 中国湖北　🕐 **生存时间:** 三叠纪早期
🔖 **种类:** 湖北鳄目·湖北鳄科　📏 **体长:** 1米

Hupehsuchus ·····················

· 起初因发现有背甲，被误认为是鳄鱼的亲戚。
· 目前认为是鱼龙类的远亲。
· 生活在三叠纪的湖北浅海中。
· 可能是用喉囊滤食捕猎。

乖！

二大爷
过年好！

湖北鳄是鱼龙的远房亲戚。

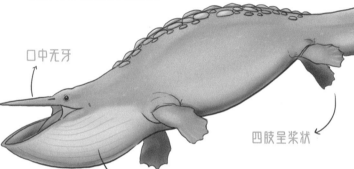

背上有甲

口中无牙

四肢呈桨状

喉部皮囊

10厘米

南漳湖北鳄

Hupehsuchus nanchangensis

湖北海滨之旅
欢迎您！

三叠纪时的湖北曾被
一片浅海所覆盖。

类似的进食方式也存在于现代动物中。

俺也一样。

须鲸

俺也一样。

琵嘴鸭

俺也一样。

鲸鲨

吸入

挤压

湖北鳄靠滤食浮游动物为生。

首块化石是由当地居民发现后上交。

很长一段时间里没有发现头骨。

分布: 中国湖北　　生存时间: 三叠纪早期

种类: 湖北鳄目·湖北鳄科　　体长: 1米

扇桨龙
Eretmorhipis

······

· 因为扁平的嘴巴，获得外号"鸭嘴兽龙"。

· 地地道道的湖北"龙"。

· 可能是已知最早依靠盲感捕猎的脊椎动物。

· 鱼龙家族远房二大爷的小外甥。

早点来我家玩。

与湖北鳄是远房亲戚。

这个帽子感觉有点小。

头部占身体的比例极小。

骨质突起，表面可能有角质覆盖

尾部修长

扇状鳍桨 →

卡洛董氏扇桨龙
Eretmorhipis carrolldongi

状如鸭嘴

10厘米

扇桨龙的嘴部结构与鸭嘴兽的有着异曲同工之妙。

找到你啦!

扇桨龙的嘴部可能也能感受水波振动，继而帮助捕猎。

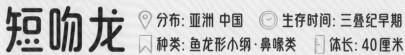

短吻龙

分布: 亚洲 中国　　**生存时间:** 三叠纪早期

种类: 鱼龙形小纲·鼻喙类　　**体长:** 40厘米

Cartorhynchus ··

· 得名于较短的吻部，出土于我国安徽巢湖。

· 起初以为没有牙齿，CT 和三维重建协助下
发现了隐藏在化石下的牙齿。

柔腕短吻龙

Cartorhynchus lenticarpus

大眼睛

吻部较短

后肢较短

前肢较长

10厘米

嘴里有好多排鹅卵石似的牙齿。

捕猎时会突然张口制造负压，
将猎物吸入口中。

\# 抵制动物表演 \#

短吻龙前肢骨骼间有柔韧的软骨，或许能
像现代海狮一样用前肢在陆地上移动。

水陆两栖的短吻龙可能与鱼龙的祖先关系
很近，代表着陆生向水生的过渡类型。

它们可能喜欢吃贝、蜗牛
和螺等带壳的猎物。

分布: 亚洲 中国　　生存时间: 三叠纪早期

种类: 鱼龙形小纲·短尾鱼龙科　　体长: 0.7~1.8米

巢湖鱼龙
Chaohusaurus

·出土自我国安徽巢湖和湖北远安。

·目前已知最原始的鱼龙类动物之一。

·目前已发现三个种: 龟山巢湖鱼龙、张家湾巢湖鱼龙和短腿巢湖鱼龙。

前端牙齿细而尖, 适合咬住猎物;
后端牙齿圆而钝, 适合压碎猎物。

龟山巢湖鱼龙
Chaohusaurus geishanensis

没有背鳍

大眼睛

尾鳍较小

10厘米

吻部细长而尖

你游慢了。

未完全特化水生, 游泳动作笨拙。

有时可能也会到岸上透透气。

已知最原始的保留胎生化石的鱼龙类, 宝宝的头先从妈妈的产道中分娩出来。

记得尾巴先出来。

育儿经验交流会

头先出来鱼龙宝宝容易溺水, 所以之后的鱼龙演化成尾巴先分娩出来的生产方式。

鱼龙起源自亚洲？

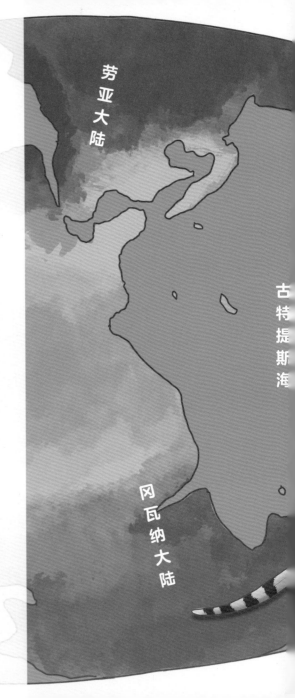

　　三叠纪时期，东亚地区横亘着古特提斯海，与南部的冈瓦纳大陆隔海相望。这片古老海洋的东缘坐落着一个神奇的动物家园——安徽巢湖动物群。巢湖是我国五大淡水湖之一，但在亿万年前它曾被一片浅海覆盖。巢湖动物群位于巢湖市西北郊，以平顶山和马家山地区出土的化石最为著名。

　　早在20世纪70年代，我国古生物界先驱杨钟健就已经组织开展了巢湖地区的化石挖掘。经过数十年的努力，科学家已挖掘出包括巢湖龙、短吻龙和刚体龙等多种原始鱼龙类化石。以巢湖龙为首的原始鱼龙类是鱼龙家族中年代最早的成员之一，它们是早期鱼龙的代表。此外还有鳍龙类的马家山龙、鱼类的巢湖裂齿鱼以及大量头足类、双壳类和节肢类动物化石被发现。

　　巢湖动物群的诞生，证明了二叠纪大灭绝后三叠纪生物，尤其是海洋生物复苏的速度比原本认为的要快，在短时间内已发展出了适应各个生态位的种类。如今，在加拿大、挪威等欧美国家也相继出土了原始的鱼龙类化石，鱼龙的起源地是否为亚洲甚至是中国呢？还需要更多的化石证据才能找到问题的答案。

劳亚大陆

古特提斯海

冈瓦纳大陆

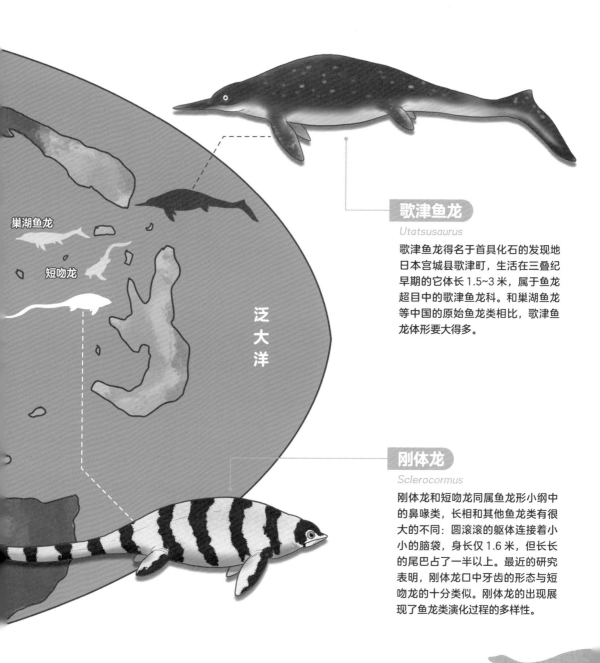

巢湖鱼龙

短吻龙

泛大洋

歌津鱼龙

Utatsusaurus

歌津鱼龙得名于首具化石的发现地
日本宫城县歌津町，生活在三叠纪
早期的它体长 1.5~3 米，属于鱼龙
超目中的歌津鱼龙科。和巢湖鱼龙
等中国的原始鱼龙类相比，歌津鱼
龙体形要大得多。

刚体龙

Sclerocormus

刚体龙和短吻龙同属鱼龙形小纲中
的鼻喙类，长相和其他鱼龙类有很
大的不同：圆滚滚的躯体连接着小
小的脑袋，身长仅 1.6 米，但长长
的尾巴占了一半以上。最近的研究
表明，刚体龙口中牙齿的形态与短
吻龙的十分类似。刚体龙的出现展
现了鱼龙类演化过程的多样性。

混鱼龙

Mixosaurus ·················

📍 分布: 欧洲 亚洲 北美洲　　⏱ 生存时间: 三叠纪中期到晚期

🔖 种类: 鱼龙目·混鱼龙科　　📏 体长: 1~2米

· 学名本意"混合的蜥蜴",指其兼具原始鱼龙和进步鱼龙的特征,
　三叠纪最常见的鱼龙之一,已发现多个种类。
· 我国科学家于1965年在贵州仁怀发现首具混鱼龙化石,
　这也是我国首次发现鱼龙类化石。

1887年由德国古生物学家
乔治·鲍尔命名。

背鳍靠前 ↗

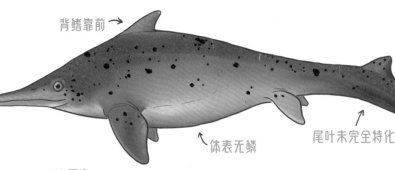

科尔纳利混鱼龙
Mixosaurus cornalianus

↖ 体表无鳞　　尾叶未完全特化 ↑

50厘米

喜欢生活在开阔的浅海海域。

靠后。
没有背鳍。
或许靠前呢?

过去人们对混鱼龙有无背鳍和尾鳍形状
的问题并不太清楚。

后来科学家在意大利发现了带有软组织
印痕的混鱼龙化石,解答了这些问题。

胃内容物中发现有头足类
和腔棘鱼类的残骸。

你也姓黔？

化石出土自我国西南的关岭生物群。

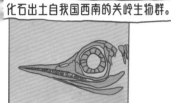

口中长满细小而密集的锥形牙齿。

📍分布：**亚洲 中国**　　🕐生存时间：**三叠纪晚期**

🔖种类：**鱼龙目·穿胫鱼龙科**　　📏体长：**1.3~1.5米**

黔鱼龙

Qianichthyosaurus

· 名字源于发现地我国贵州省的简称黔。

· 眼睛巨大，能看清昏暗海水里的猎物。

· 当地体形最小的鱼龙，但同时也是当地数量最多、最常见的鱼龙。

背部隆起

大眼睛

周氏黔鱼龙
Qianichthyosaurus zhoui

吻部尖突

30厘米

大眼睛排行榜

	眼睛大小	体长
切齿鱼龙	25 厘米	9 米
大眼鱼龙	22 厘米	4 米
黔鱼龙	8 厘米	1.5 米

竞争激烈哦。

喜欢以鱼、虾和头足类动物为食。

黔鱼龙眼睛很大，表明它的视觉很发达。

棒！

眼睛比例最大的鱼龙

黔鱼龙头骨仅 24 厘米，但眼睛直径就达到了惊人的 8 厘米！

史前贵州的"海底花园"

大约在 2.35 亿年前的三叠纪，我国贵州地区曾位于一片古老海洋——古特提斯海的东部。陆地被无垠的海水覆盖，将东亚与南部的泛大陆分割开来。尽管彼时此处鲜有陆地动物，但它却是一群三叠纪"海怪"的伊甸园。

在贵州关岭，古生物学家挖掘出了大量保存完整的海百合化石。顾名思义，海百合就如绽放的百合花一样美丽。虽然看起来像植物，但海百合其实是棘皮动物家族的一员，和海星、海胆是远亲。创孔海百合是一种大型海百合，它们会锚定在海面的浮木上随波逐流，长长的柄宛如植物的茎，最长可达 11 米。直到今天，仍有孑遗的小型海百合在海中扎根。

一株株海百合仿佛是浅海的森林，为无数小型动物提供庇护所，也吸引大型动物前来捕猎觅食。除了小巧的黔鱼龙，这里还发现了体长 5~6 米的贵州鱼龙，它是凶悍的掠食者。身长可达 11 米的关岭鱼龙是这里最大的动物。相较而言，它的脾气或许温柔得多，平时可能以柔软的头足类动物为食。此外当地还生活着属于海龙类的贫齿龙、安顺龙，楯齿龙类的中国豆齿龙和砾甲龟龙，原始的龟类远亲半甲齿龟，以及不可胜数的菊石、鱼类和其他海洋生物，它们共同构成了史前贵州的"海底花园"。

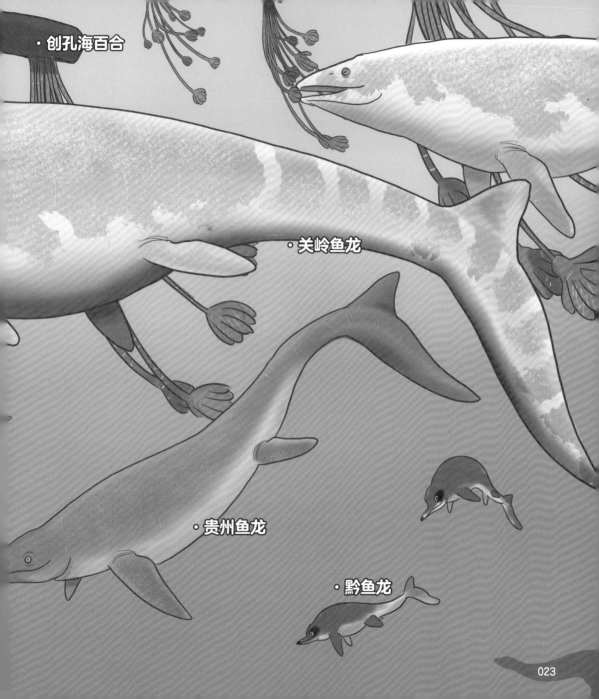

· 创孔海百合

· 关岭鱼龙

· 贵州鱼龙

· 黔鱼龙

头先露？尾先露？

鱼龙靠胎生繁殖后代，鱼龙妈妈会直接从产道分娩出幼崽。古生物学家发现，生产时较原始的鱼龙（如杯椎鱼龙）通常是头先露出，更进步的鱼龙类则是尾巴先产出。有学者相信这是鱼龙逐步适应海生的证据：头先露的鱼龙宝宝更容易溺水窒息，所以随着演化鱼龙妈妈逐渐转变了宝宝先露的位置。

干杯！

由美国著名古生物学家约瑟夫·雷迪研究命名。

眼睛比例是鱼龙类中最小的之一。

可能以鱿鱼、箭石等头足类为主食。

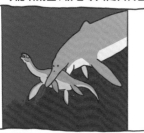

据推测也会主动袭击大型猎物。

小眼睛

头骨呈楔形

1米

杨氏杯椎鱼龙
C.youngorum

杜氏杯椎鱼龙
C.duelferi

身高 1.8 米的人类

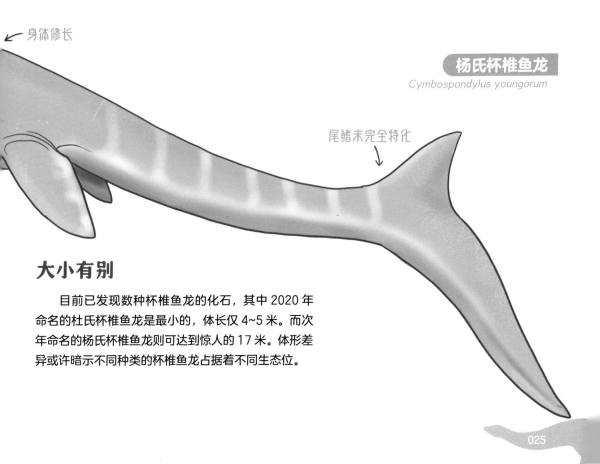

📍 分布: 北美洲 欧洲　⏱ 生存时间: 三叠纪早期到中期

🔖 种类: 鱼龙目·杯椎鱼龙　📏 体长: 4~17米

杯·椎鱼龙
Cymbospondylus

· 学名本意"杯状的脊椎"，指其椎骨中空似杯子。

· 身体修长似鳗鱼，游动时躯干会大幅扭动。

· 身体结构不适合长距离游泳，可能是伏击型猎手。

· 广泛分布于北半球，在美国、德国、瑞士和北极地区均有化石出土。

← 身体修长

杨氏杯椎鱼龙
Cymbospondylus youngorum

尾鳍未完全特化
↓

大小有别

目前已发现数种杯椎鱼龙的化石，其中 2020 年命名的杜氏杯椎鱼龙是最小的，体长仅 4~5 米。而次年命名的杨氏杯椎鱼龙则可达到惊人的 17 米。体形差异或许暗示不同种类的杯椎鱼龙占据着不同生态位。

成年肖尼鱼龙
的牙齿

I 1 cm

肖尼鱼龙的繁殖地

学者们在美国内华达州发现了埋藏有多具肖尼鱼龙骨架的化石层。这些鱼龙有大有小，化石上甚至还保留有精细的牙齿结构。这些牙齿提示肖尼鱼龙或许也会以狩猎较大的猎物。有趣的是，这片化石层里缺乏适合肖尼鱼龙入口的猎物，所以古生物学家推测此地是肖尼鱼龙的繁殖地而非狩猎场，肖尼鱼龙可能每年都会回到固定的地点繁殖后代。

GOLD RUSH

19世纪60年代，大批淘金者涌入美国西部，史称"淘金热"。

矿工在内华达州发现不少巨大的"石头"，相传有矿工拿它当脸盆接水洗脸。

后来古生物学家发现这些"石头"其实是肖尼鱼龙的化石。

学者在当地发现了多达37具化石的"鱼龙墓地"。

← 颌部细长

通俗肖尼鱼龙
Shonisaurus popularis

鳍状肢修长 ↗

1米

分布: 北美洲 美国　　生存时间: 三叠纪晚期

种类: 鱼龙目·萨斯特鱼龙科　　体长: 15米

肖尼鱼龙
Shonisaurus

· 又叫秀尼鱼龙，学名本意"肖肖尼山的蜥蜴"，为纪念发现地附近的肖肖尼山。

· 史上最大的鱼龙，曾被分类于肖尼鱼龙属，后被归入萨斯特鱼龙属。

· 其化石被美国内华达州选为州化石。

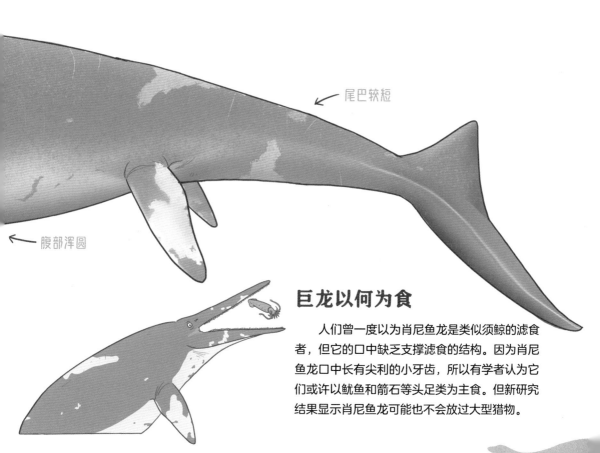

← 尾巴较短

← 腹部浑圆

巨龙以何为食

人们曾一度以为肖尼鱼龙是类似须鲸的滤食者，但它的口中缺乏支撑滤食的结构。因为肖尼鱼龙口中长有尖利的小牙齿，所以有学者认为它们或许以鱿鱼和箭石等头足类为主食。但新研究结果显示肖尼鱼龙可能也不会放过大型猎物。

鱼龙是怎么游泳的?

鳗游式

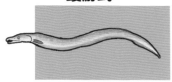

海鳗

身体大部扭动

鳟游式

大西洋鳟

身体后 1/2~1/3 摆动

鲔游式

黄鳍金枪鱼

仅尾柄和尾鳍摆动

　　鱼龙是怎么游泳的呢？许多种类的鱼龙体态和鱼类极为接近，所以我们先来看看鱼类是怎么游泳的。鱼类主要靠身体或鱼鳍的摆动产生的推力在水中游泳，根据不同的泳姿将鱼类的运动方式大致分为：鳗游式（鳗鲡和黄鳝等）、鳟游式（鳟鱼和鲈鱼等）、鲔游式（鲔鱼和旗鱼等），此外还有鲹游式和鲀游式等方式。

　　鳗游式身体大幅度摆动，速度最慢但最稳定；鳟游式主要靠身体后 1/2~1/3 摆动产生推力，速度较鳗游式快；而鲔游式仅尾柄和尾鳍摆动，前半部身体僵硬，速度最快，海洋游泳冠军就出自采用这类泳姿的鱼类。古生物学家发现，原始的鱼龙类身体修长，尾鳍未完全特化，可能如同鳗鱼一样采用鳗游式运动方式；而到了演化后期，更进步的鱼龙类则演化出浑圆的身体，则是以鲔游式方式游动。

不仅如此，科学家还观察到一个规律：原始的鱼龙类尾鳍往往是下叶延长，上叶不发达，仿佛一把船桨；而进步的鱼龙类尾鳍上下叶等长，和现代的金枪鱼（鲔鱼）差不多，宛如一弯新月。研究人员把尾鳍上下长度与尾鳍面积的比值称为展弦比，展弦比越大的鱼龙，速度越快，这体现了鱼龙家族对海洋环境的高度适应。

▶ 鱼龙运动主要靠尾鳍驱动，前后鳍状肢主要起到舵的功能，用来调整方向。而背上的背鳍则是用来在水流中稳定身体，保持平衡。有些专家推测，某些鳍状肢较长的鱼龙类，或许也能用鳍来辅助游动。

世界上最大的动物

迄今为止，史上最大的动物是蓝鲸。尽管萨斯特鱼龙不仅是体形最大的鱼龙，同时也是史上最大的海生爬行动物，但它的个头和蓝鲸比还是略逊一筹。

蓝鲸

史上最大的动物

种类: 偶蹄目·须鲸科
体长: 约33.58米
体重: 约240吨

身高1.8米的人类

1米

南极中爪鱿

现存最大的无脊椎动物

种类: 管鱿目·小头鱿科
体长: 约6米
体重: 约495千克

噬人鲨

现存最大的掠食性鱼类

种类: 鼠鲨目·鼠鲨科
体长: 约7米
体重: 约3.3吨

哈特兹哥翼龙

史上最大的飞行动物

种类: 翼龙目·神龙翼龙科
翼展: 10~12米
体重: 460~650千克

注: 图中的动物取体形估测的最大值。不同计算方法结果存在差异。
已灭绝动物种类选取目前已知的较完整的化石材料统计。

萨斯特鱼龙

史上最大的海生爬行动物

种类: 鱼龙目·萨斯特鱼龙科
体长: 约19.4米
体重: 约50吨

肖尼鱼龙

种类: 鱼龙目·萨斯特鱼龙科
体长: 约15米
体重: 约30吨

阿根廷龙

史上最大的恐龙

种类: 蜥臀目·泰坦巨龙类
体长: 约35米
体重: 约75吨

霸王龙

史上最大的肉食恐龙

种类: 蜥臀目·霸王龙科
体长: 约12.3米
体重: 约9吨

非洲草原象

现存最大的陆生动物

种类: 长鼻目·象科
体长: 约3.5米
体重: 约7.5吨

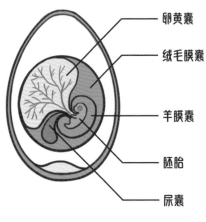

卵黄囊

绒毛膜囊

羊膜囊

胚胎

尿囊

家鸽（鸟类）
卵生

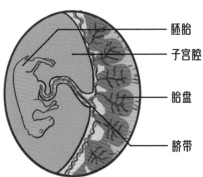

胚胎

子宫腔

胎盘

脐带

平原斑马（哺乳类）
胎生

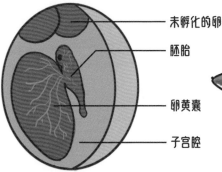

未孵化的卵

胚胎

卵黄囊

子宫腔

噬人鲨（软骨鱼类）
卵胎生

鱼龙的繁殖

　　现存的大多数爬行动物主要靠产卵繁衍小宝宝。尽管鱼龙是爬行动物，但从现有的化石来看，即使是最原始的鱼龙类如巢湖鱼龙，也已经掌握了胎生的本领。

　　脊椎动物主要依靠卵生、胎生和卵胎生三种方式繁殖后代。许多鱼类和两栖类动物在水下产卵，它们的受精卵很脆弱，想要存活离不开水。而像爬行类、鸟类和哺乳类等其他脊椎动物被称为羊膜动物，它们的胚胎外层有羊膜囊，宝宝在湿润的羊水中长大，就不需要待在水里。羊膜动物的卵黄囊中拥有营养物质，胚胎在破壳前都靠卵黄囊里的营养成长。卵中宝宝产生的代谢废物则储存在尿囊。尿囊表面还布满毛细血管，可以交换氧气保证呼吸。大部分哺乳动物、小部分爬行动物和一些鱼类，靠胎生繁殖。宝宝在妈妈的子宫里，依靠脐带和附着在子宫上的胎盘与母体连接，依靠母亲的营养长大。还有一些动物则是卵胎生，它们的受精卵在子宫内孵化，靠卵黄囊摄取营养，成熟后直接由母亲的产道分娩，乍一看很像胎生。

　　鲨鱼家族种类繁多，卵生、胎生和卵胎生的种类都有。如豹纹鲨和虎鲨卵生，真鲨和双髻鲨胎生，噬人鲨和锥齿鲨卵胎生。还有少数动物不走寻常路，比如哺乳动物中单孔类的鸭嘴兽，它就靠卵生繁殖。

豹纹鲨（卵生）

公牛真鲨（胎生）

鸭嘴兽（卵生）

神剑鱼龙

Excalibosaurus ·············

📍 分布: 欧洲 英国　　🕐 生存时间: 白垩纪早期到晚期

🔖 种类: 鱼龙目·蛇嘴鱼龙科　　📏 体长: 7米

· 学名本意是古凯尔特语"断钢",指不列颠王国亚瑟王所佩圣剑。

· 可能喜欢在海床底部生活,用剑吻搅动沙土,寻找食物。

名字来自亚瑟王的圣剑。

化石发现于英国西南部。

三剑合璧!

蛇嘴鱼龙科成员都有剑。

寇氏神剑鱼龙
Excalibosaurus costini

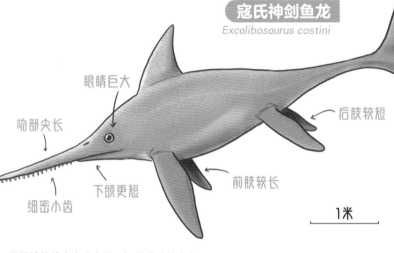

眼睛巨大

吻部尖长

细密小齿

下颌更短

前肢较长

后肢较短

1米

类似的结构也出现在不同门类的动物身上。

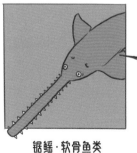

锯鳐·软骨鱼类

旗鱼·硬骨鱼类

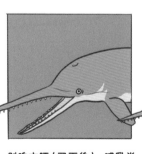

剑吻古豚(已灭绝)·哺乳类

神剑鱼龙·爬行类

海中剑客的绝密剑谱

锯鳐的吻部可以感受到猎物发出的生物电，所以即使在能见度极低的海域也能轻松捕食。它们会用"宽剑"挥砍入侵者。科学家甚至还发现锯鳐的捕食动作，有诸如"水中劈砍""海床劈砍"和"压切"等多种招式。小动物根本无法抵挡锯鳐的一番砍杀，只能乖乖束手就擒。

秉承着"天下武功，唯快不破"的旗鱼，是世界上速度最快的鱼类之一。它们的流线型身材配合窄长的鱼鳍，让它们拥有了让其他鱼类无比艳羡的惊人速度。它们宛如"海中火箭"一般，在鱼群中来回穿梭，熟练地用利剑一般的尖吻戳刺。

相比之下，剑吻古豚则走起了"高科技"路线，和海豚沾亲带故的它们，额部同样演化出了具有回声定位功能的额隆。这个额隆堪称"水下雷达"，有了这件装备，剑吻古豚能够准确地判断出猎物的位置，甚至能够在脑中构建出复杂庞大的海底地图。

不列颠

多谢仙子。

圣剑在湖中,
君可前往自取。

怎么,我不配
做你的圣剑吗?

分布: 欧洲 南美洲　**生存时间**: 侏罗纪早期

种类: 鱼龙目·切齿鱼龙科　**体长**: 4~9米

切齿鱼龙
Temnodontosaurus

· 又叫泰曼鱼龙、离片齿龙，学名本意"具有切割功能牙齿的蜥蜴"。

· 有史以来眼睛直径最大的动物。

· 生活在开阔海域的中上层，泳速很快。

首具化石由玛丽·宁的粗粗
约瑟芬·宁挖掘发现。

三角齿切齿鱼龙
Temnodontosaurus trigonodon

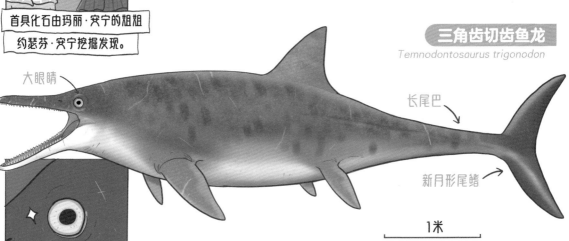

大眼睛

长尾巴

新月形尾鳍

1米

眼睛直径最大可达惊人的26厘米。

吾辈
楷模

颌骨粗壮、牙齿尖利，
是凶悍的掠食者。

一份鱿鱼！

已发现多个种，不同种的头骨和牙齿有些许
差异，或许拥有不太一样的饮食偏好。

能够袭击大型猎物，在其腹中曾发现
狭翼鱼龙的残骸。

鱼龙的食谱

鱼龙种类繁多,食性也是各不相同。判断鱼龙喜欢吃啥,主要是依据它们颌部结构、牙齿形态和体形大小。很多种类的鱼龙都具有异型齿,前方的牙齿通常细长锐利,后方的牙齿往往粗钝圆润。科学家推测,这种类型的牙齿适合捕捉灵活柔韧的头足类动物(如鱿鱼、箭石和菊石等)。前端的牙齿牢牢咬住猎物,后方的牙齿将猎物研碎。在中生代的海洋里,头足类人丁兴旺、数量庞大,被誉为"海洋中的薯条",是鱼龙最爱吃的主食之一。不同种类的鱼龙偏好也不大相同:短头鱼龙嘴巴较短,口中还有好几排圆钝的球状齿,这种结构适合咬开菊石、贝类等动

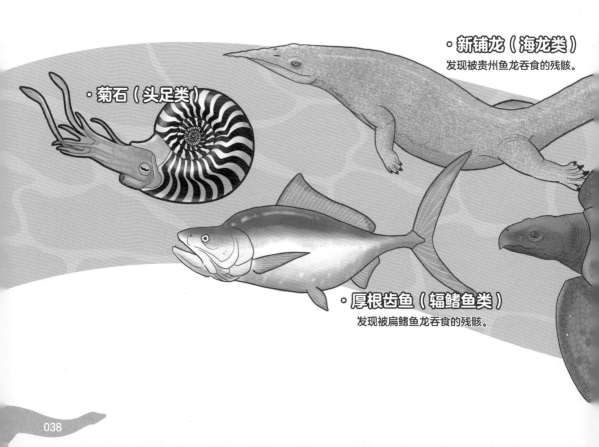

• 新铺龙(海龙类)
发现被贵州鱼龙吞食的残骸。

• 菊石(头足类)

• 厚根齿鱼(辐鳍鱼类)
发现被扁鳍鱼龙吞食的残骸。

物坚硬的外壳，取食柔软的肉。切齿鱼龙的牙齿则扁、粗大，表面还有好几道竖棱，仿佛一把匕首。它敢向大型的猎物下手，甚至是鱼龙本家——在它的肚子里还发现过狭翼鱼龙的残骸。贵州鱼龙性情凶悍，5 米的它竟然吞下了一只 4 米的新铺龙。然而贪吃的代价是巨大的——在进食过程中贵州鱼龙扭断了脖子，吞下新铺龙没多久就和猎物一起葬身海底。扁鳍鱼龙牙齿发达，略微弯曲，顶端锋利，食性也庞杂广泛，从鱼类到海龟，甚至是海面觅食的海鸟也能被它吞下肚。

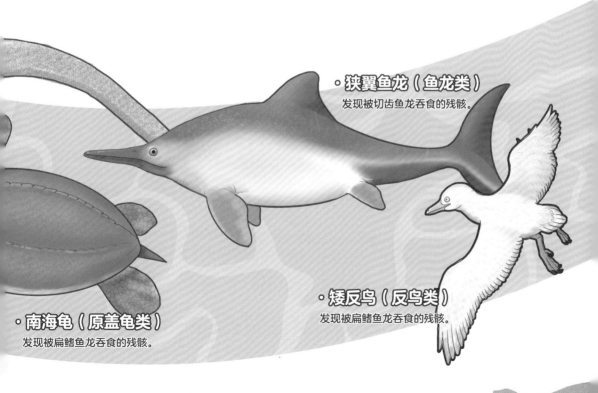

• **狭翼鱼龙（鱼龙类）**
发现被切齿鱼龙吞食的残骸。

• **矮反鸟（反鸟类）**
发现被扁鳍鱼龙吞食的残骸。

• **南海龟（原盖龟类）**
发现被扁鳍鱼龙吞食的残骸。

狭翼鱼龙

Stenopterygius ••••••••••••••••••••••••

○ 分布: 欧洲　◎ 生存时间: 侏罗纪早期
▽ 种类: 鱼龙目·狭翼鱼龙科　▯ 体长: 2~4米

· 学名本意"狭小的鳍"，指狭窄短小的鳍状肢。
· 广泛分布于欧洲，化石在法国、德国、英国、卢森堡和瑞士均有出土。
· 保存有珍贵的母子和软组织化石。

老七, 别欺负小十一。

一胎多产，每胎最多可达7~11只。

窄吻狭翼鱼龙
Stenopterygius quadriscissus

身体浑圆

新月形尾巴

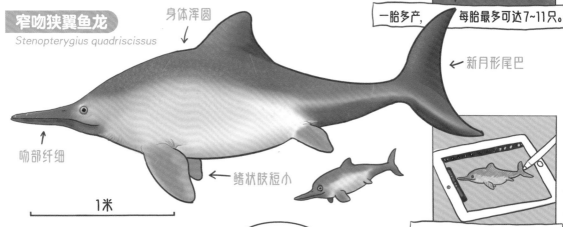

吻部纤细

鳍状肢短小

1米

那倒不是因为这个。

皮肤光滑是因为每天吃鱿鱼吗？

软组织化石显示其皮肤厚实而光滑，表面没有鳞片覆盖。

它是由内而外的。

可以保暖

好多肉肉，皮都展开了。

还发现了海兽脂，一种存在于海豹和鲸等海生哺乳动物身上的脂肪组织。

皮肤发现有黑素体，背部颜色深，腹部颜色浅，或许是保护色。

体温恒定，维持在约35℃。

分布：欧洲 北美洲 南美洲　生存时间：侏罗纪中期到晚期

种类：鱼龙目·大眼鱼龙科　体长：4~6米

大眼鱼龙
Ophthalmosaurus

·学名本意"眼睛蜥蜴"，指其拥有一双巨大的眼睛，最著名的鱼龙类之一。

·体态浑圆，高度适应水生生活。

·可能以鱿鱼和菊石等头足类为主食。

眼睛的确很大。

由英国古生物学家哈利·希里命名。

新月形尾鳍 →

大眼睛

艾森尼大眼鱼龙
Ophthalmosaurus icenicus

圆鼓鼓肚子

1米

人们一度认为腹中的小鱼龙是大眼鱼龙同类相食的现象。

后来发现分娩化石才证实是大眼鱼龙妈妈怀宝宝。

600米

科学家推测它们能下潜到600米的深海。

出土地层显示它们的埋藏环境是在浅海。

鱼龙的眼睛

眼睛是动物身上的重要器官，在捕猎和求偶等行为中起到了重要作用。当你第一眼看到鱼龙类化石时，最先注意到的或许就是它们那一双大眼睛。在鱼龙类的眼眶内覆盖着一个由多块巩膜骨围成的、名为巩膜环的骨质结构。巩膜环广泛存在于除鳄鱼和哺乳类动物外的大部分脊椎动物类群身上，起到了保护眼球的作用。动物学家发现，在水下生活的动物巩膜环都较大，这样可以对抗水压，避免眼球塌陷。不仅如此，夜行性动物的巩膜环也比昼行性动物来得大。所以古生物学家能够通过巩膜环判断已灭绝的动物视力如何、是否在夜间活动。

鱼龙是类高度依赖视力的掠食性动物。通过对它们化石颅腔的 CT 扫描，专家们发现鱼龙类的视叶高度发达，嗅叶分化良好但体积很小，听骨硬化，听觉很差，仅能通过内耳感受声波振动。而颌骨上的凹槽表明鱼龙类的颌部或许存在敏感的神经末梢，能够感受猎物经过时的水流变化。

现存动物中眼睛最大者是来自无脊椎动物头足类的大王鱿，它的眼睛直径达到了 25 厘米。而有史以来最大的眼睛则来自侏罗纪早期的切齿鱼龙，它的眼睛直径可达 26 厘米。有科学家说观测到了长度超过 27 厘米的大王鱿眼睛，其远亲、同属头足类动物的南极中爪鱿的眼睛尺寸也能达到类似甚至更大的数字。无论如何，切齿鱼龙依然牢牢占据着脊椎动物眼睛排行榜的第一名。总而言之，鱼龙类是一群视力极佳的猎手，它们用一双大眼睛牢牢锁定猎物。

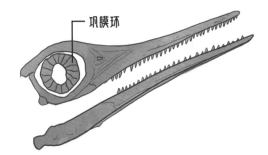

巩膜环

爬行类

鸟类

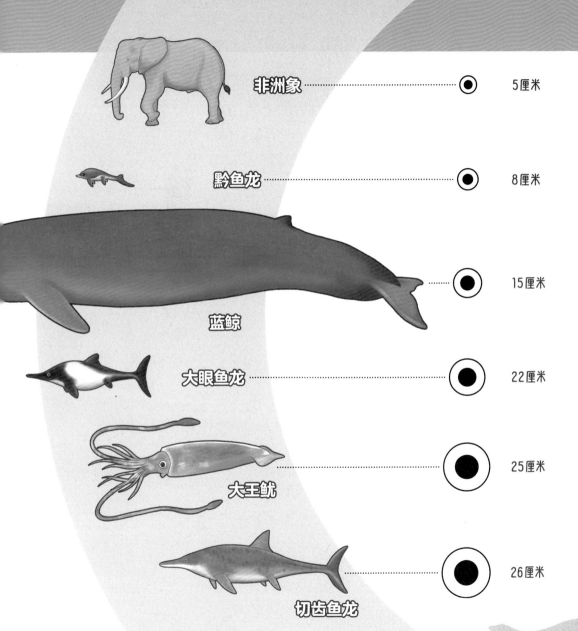

非洲象 ⬤ 5厘米

黔鱼龙 ⬤ 8厘米

蓝鲸 ⬤ 15厘米

大眼鱼龙 ⬤ 22厘米

大王鱿 ⬤ 25厘米

切齿鱼龙 ⬤ 26厘米

扁鳍鱼龙
Platypterygius ··········

分布: 欧洲 大洋洲 北美洲 南美洲　　生存时间: 白垩纪早期到晚期　　种类: 鱼龙目·扁鳍鱼龙科　　体长: 7~9米

- 学名本意"扁平的鳍",指其扁平宽大的鳍状肢。
- 广泛分布于世界多地,繁荣的家族。
- 最晚灭绝的一批鱼龙之一。

南方扁鳍鱼龙
Platypterygius australis

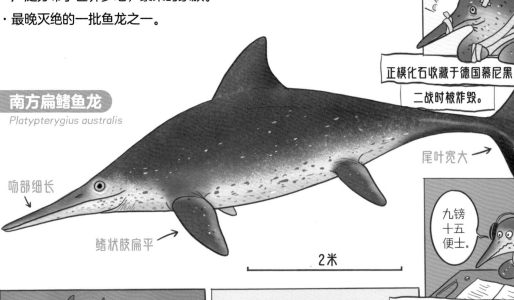

吻部细长

鳍状肢扁平

尾叶宽大

2米

正模化石收藏于德国慕尼黑,二战时被炸毁。

九镑十五便士。

CT扫描显示听力很差,近乎全聋。

性情凶猛,有存留捕杀史前海龟的化石证据。

它会袭击海面上活动的史前海鸟。

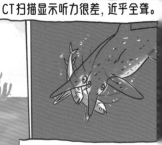

捕猎时通过摇晃将猎物撕碎。

鱼龙的灭绝

鱼龙家族兴起于三叠纪初期，是二叠纪大灭绝后地球上最先繁盛起来的海生爬行动物之一。在很短的时间里，鱼龙类由最初类似蜥蜴和鳄鱼的形态发展为类似鳗鱼的修长身材，继而又诞生出高度适应海洋生活的鱼形鱼龙。三叠纪时期是鱼龙家族的黄金时代，此时鱼龙的家谱上有着大小不一、形态有别的成员，数量和多样性都达到空前繁荣。然而到了三叠纪末，地球发生了一场惨烈的三叠纪大灭绝，许多鳗鱼形态的鱼龙就此消失。

到了侏罗纪，鱼龙类逐渐复苏。然而在侏罗纪早期和侏罗纪中期之交，南极海底火山喷发，海洋含氧量急剧下降，温度变化和食物短缺等诸多因素让鱼龙家族遭受毁灭性打击，多样性大打折扣。经历了一阵低谷期，到了侏罗纪晚期，鱼龙家族演化出诸如大眼鱼龙这样身体和海豚、鲨鱼等高度相似的种类，展现出鱼龙家族最后的荣光。

进入白垩纪，随着海平面的急剧变化，以及其他海生爬行动物的崛起和猎物的快速变革，鱼龙迎来了第三次灭绝，家族的存续面临不小的压力，但仍有像扁鳍鱼龙这样广泛分布于世界多地的成员。顽强的鱼龙类经历了三次灭绝事件后，终于迎来了第四次灭绝——这一次灭绝让鱼龙彻底告别地球舞台。

9400 万年前，加勒比大火成岩省海底火山喷发，开启了森诺曼期 - 土仑期灭绝事件的序幕。而此时生活在俄罗斯和英国的佩氏鱼龙也成为鱼龙类中最后的一员，它的消失也象征着鱼龙时代正式终结。

巴诺夫卡佩氏鱼龙
Pervushovisaurus bannovkensis

还有哪些有趣的古生物？

似湖北鳄

分布: 亚洲
生存时间: 三叠纪晚期
种类: 湖北鳄目·似湖北鳄科

湖北鳄的近亲，身体细长，靠长长的尾巴运动。

阿戈尔鱼龙

分布: 欧洲
生存时间: 侏罗纪晚期
种类: 鱼龙目·温多雷鱼龙科

生活在欧洲浅海的小型鱼龙，保存有完整的软组织印痕。

真鼻鱼龙

分布: 欧洲
生存时间: 侏罗纪早期
种类: 鱼龙目·蛇嘴鱼龙科

神似剑鱼的鱼龙，拥有极快的速度。用长长的吻部捕猎。

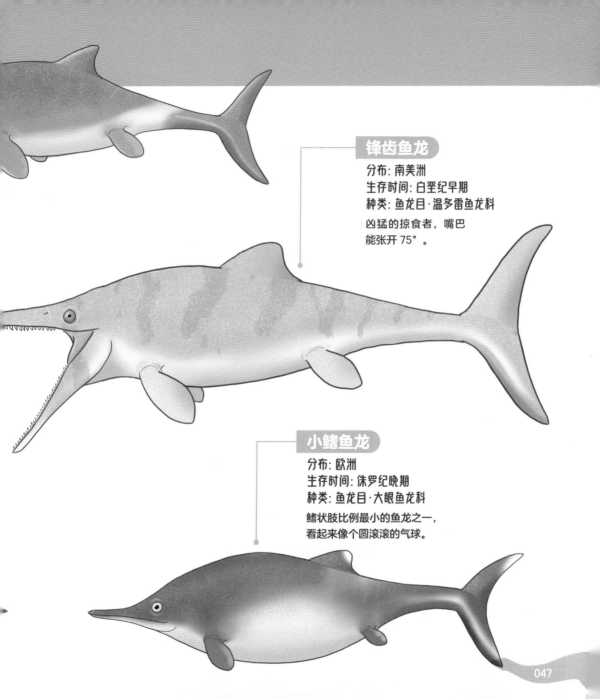

锋齿鱼龙

分布: 南美洲
生存时间: 白垩纪早期
种类: 鱼龙目·温多雷鱼龙科

凶猛的掠食者，嘴巴
能张开 75°。

小鳍鱼龙

分布: 欧洲
生存时间: 侏罗纪晚期
种类: 鱼龙目·大眼鱼龙科

鳍状肢比例最小的鱼龙之一，
看起来像个圆滚滚的气球。

第二章

蛇颈龙派对

　　蛇颈龙，一类与恐龙、翼龙齐名的古生物明星家族。对于蛇颈龙你了解多少？看，蛇颈龙家族举办了一场盛大的派对，从北极的北目龙到南极的莫特纳龙，从短脖子的克柔龙到长颈的薄板龙，都在此汇聚一堂，分享自己的故事。

探秘蛇颈龙

得益于科普书籍、纪录片和电视电影的宣传，普罗大众对蛇颈龙家族都十分熟悉：小小的脑袋，长长的脖子，四只桨状的肢体加上短小的尾巴，看起来仿佛是蛇和乌龟的结合体。我们通常说的蛇颈龙类是鳍龙目中蛇颈龙亚目的统称，其中不仅有蛇颈龙、薄片龙和神河龙这样长脖子的成员，也有上龙、滑齿龙和双臼椎龙这样短脖子的种类。随着科学技术的发展，人们对蛇颈龙有了更深入的了解——饮食、繁殖、运动以及新陈代谢等方方面面均有涉猎。

小脑袋

我猜它们没有躲过大洪水！

"大洪水"的遇难者？

早在 1719 年，英国古生物学家威廉·斯图克利就第一次针对蛇颈龙发表了他的研究。由于科学水平的限制，加上彼时"神创论"的观点尚在欧洲流行，斯图克利并没有觉得手头的蛇颈龙化石是某种已灭绝的史前生物，他认为这些化石是鳄鱼或是海豚的骨头。斯图克利猜测这些骨头是《圣经》中记载的"大洪水"后遇难动物留下的残骸，它们没能和其他幸运的动物那样登上诺亚方舟，最终在滔天的洪水中丧命。

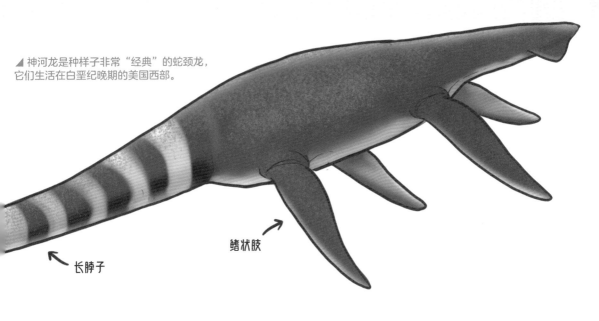

▲ 神河龙是种样子非常"经典"的蛇颈龙，它们生活在白垩纪晚期的美国西部。

长脖子

鳍状肢

"超级玛丽"的大发现

1823 年 12 月，英国著名化石猎人、鱼龙的发现者——玛丽·安宁在家乡的海滩上发现了蛇颈龙化石。这是人类第一次发现完整度较高的蛇颈龙化石，安宁为这件标本绘制了精美的化石图。尽管如此，古生物学家亨利·德·拉·贝奇和威廉·科尼伯尔早在 1821 年就凭借零碎的残骸命名了蛇颈龙属，学名"Plesiosaurus"意思是"近似蜥蜴"，因为他们当时觉得蛇颈龙是种类似蜥蜴的爬行动物。

纯信龙

📍 分布: 欧洲　🕐 生存时间: 三叠纪中期

🔖 种类: 纯信龙形类·纯信龙科　📏 体长: 3米

Pistosaurus ···

· 又叫皮氏吐龙，学名本意是"信仰虔诚的蜥蜴"。

· 不是蛇颈龙，但是是与其关系最近的亲属。

· 从它身上能看出蛇颈龙祖先的可能形态。

古老纯信龙
Pistosaurus longaevus

↑
长脖子

鳍状肢 →

|← 1米 →|

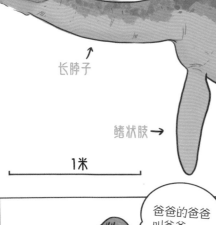

爸爸的爸爸叫爷爷……

科学家曾认为纯信龙是蛇颈龙类的祖先。

蛇颈龙类　　纯信龙类

别走错了。

但目前研究显示纯信龙只是蛇颈龙的近亲。

它的身上既有幻龙类的特征。

又有蛇颈龙类的结构特征。

专家发现它们已经会依靠拍打鳍状肢在水里游动。

它们的骨骼密度很大，方便潜水。

俺俩像吗？

学名本意实为"近似蜥蜴"。

因为科学家从未见过这类动物，以为它是某种史前蜥蜴。

蛇颈龙活跃于温暖的浅海。

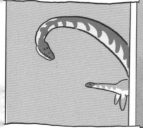

与白垩纪蛇颈龙类物种相比，蛇颈龙的脖子还比较短。

📍 分布：欧洲　　🕐 生存时间：侏罗纪早期

🔖 种类：蛇颈龙目·蛇颈龙超科　　📏 体长：3.5米

蛇颈龙
Plesiosaurus

· 学名本意与"蛇"无关，中文里根据长脖子的特征意译为"蛇颈龙"。

· 嘴生尖牙，以小鱼和软体动物为主食。

· 比较原始，还未发展出水下嗅觉。

长颈蛇颈龙

Plesiosaurus dolichodeirus

短尾巴

长脖子

小脑袋

鳍状肢

1米

嘿嘿！叫我超级玛丽。

19世纪初在英国出土的鱼龙、蛇颈龙和翼龙，推动了古生物学的发展。

早在1823年，首具蛇颈龙化石就由著名的化石采集者玛丽·安宁于英国挖掘出土。

053

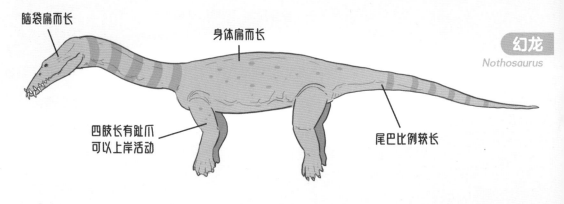

脑袋扁而长

身体扁而长

幻龙
Nothosaurus

四肢长有趾爪
可以上岸活动

尾巴比例较长

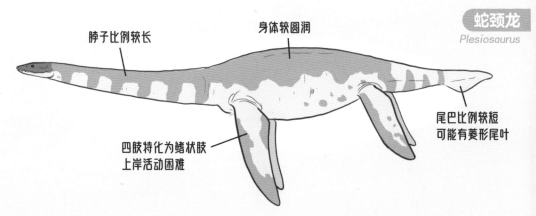

脖子比例较长

身体较圆润

蛇颈龙
Plesiosaurus

四肢特化为鳍状肢
上岸活动困难

尾巴比例较短
可能有菱形尾叶

　　幻龙类和蛇颈龙类都属于鳍龙超目中的始鳍龙类，两者常常被混淆。因为存在许多原始的特征，幻龙类一度被视为蛇颈龙类的祖先。但古生物学家告诉我们，幻龙类与纯信龙形类（包括纯信龙、蛇颈龙及其他种类）只是同宗的两门亲戚。大多数幻龙类的四肢有分明的五指，而纯信龙和蛇颈龙的指头靠拢合并，且指骨增多，看起来就像船桨。有趣的是，一种名为色雷斯龙的幻龙类物种，四肢都变成了桨状，看不到脚趾头的痕迹。

分布: 欧洲　　**生存时间**: 侏罗纪早期

种类: 蛇颈龙目·彪龙科　　**体长**: 5~7米

彪龙
Rhomaleosaurus

· 又叫菱龙，学名本意"强壮的蜥蜴"。

· 最早被发现和研究的蛇颈龙类之一。

· 凶猛的海中掠食者，已发现多个种类。

首具化石于1848年在英国约克郡被当地的采石工人挖掘出土。

克氏彪龙
Rhomaleosaurus cramptoni

短脖子

三角形脑袋

牙齿尖锐

长鳍状肢

彪龙可通过流经内鼻孔的水流感知猎物的位置。

1米

彪龙身边生活着各种海洋动物。

小鱼和鱿鱼或许是它们的最爱。

我家的。

首具彪龙化石被送到诺曼比侯爵乔治·菲普斯手上，他常常向别人炫耀自己的这件藏品。

现在是我家的。

伦敦自然史博物馆

后来这件化石几经辗转，目前藏于伦敦自然史博物馆。

学名本意"更像蜥蜴"，因其身体结构与蛇颈龙相比更像蜥蜴。

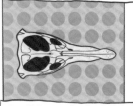

头骨俯视呈三角形，附着有发达肌肉，拥有强大的咬合力。

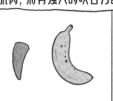

牙齿剖面呈三角形，能够给予猎物致命一击。

生活在其周围的鱼类、鱼龙类、蛇颈龙和其他动物，都是它的潜在猎物。

光滑面　　粗糙面

上龙的牙齿

上龙的牙齿

牙齿是鉴定上龙属的重要特征，研究人员发现上龙的牙齿靠外的一侧较圆润光滑，靠内的一侧较平直粗糙，粗糙面还满布着纵行的凹槽。这些凹槽可以在上龙捕猎时加大对猎物的杀伤力，让猎物皮开肉绽、鲜血淋漓。

尾巴短

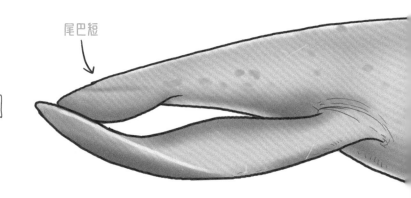

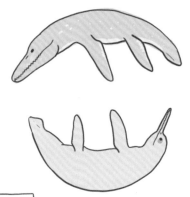

短脖子的蛇颈龙

上龙类并没有蛇颈龙目动物标志性的长脖子。值得一提的是，白垩纪末双臼椎龙类同样有着短脖子，但它们属于蛇颈龙超科，与上龙的亲缘关系并不近，短颈特征应该是两者趋同演化的结果。

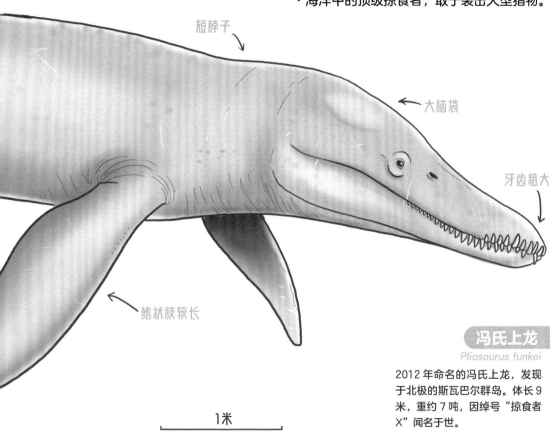

分布: 欧洲 南美洲　生存时间: 侏罗纪晚期

种类: 蛇颈龙目·上龙科　体长: 7~10米

上龙

Pliosaurus

·命名于 1842 年，是最早被研究的蛇颈龙类群之一。

·虽然脖子较短，但也是货真价实的蛇颈龙类。

·目前已发现多个种类，在身体结构上有些许差异。

·海洋中的顶级掠食者，敢于袭击大型猎物。

短脖子

大脑袋

牙齿粗大

鳍状肢较长

1米

冯氏上龙

Pliosaurus funkei

2012 年命名的冯氏上龙，发现于北极的斯瓦巴尔群岛。体长 9 米，重约 7 吨，因绰号 "掠食者 X" 闻名于世。

北极海怪现身记

　　沿着挪威一路北上，可以看到荒凉的斯瓦尔巴群岛。此地距离北极点仅 1000 多千米，岛上蕴藏着丰富的化石资源。2001 年，挪威科考队在此地意外发现了一只巨型蛇颈龙类动物的鳍状肢化石。由于挖掘技术有限，他们用石块围着化石摆了一圈作为标记。

　　2004 年 8 月初，另一支更具经验的科考队，在挪威古生物学家约恩·赫尔姆的带领下，踏上了北极征途。在 8 年的挖掘时间里，赫尔姆团队挖出了近 30 具史前海生动物的化石。挪威政府对岛上的挖掘工作高度重视，拨用 120 万挪威克朗（约合 19 万美元）作为特别款项，务必确保化石挖掘工作顺利进行。

　　这批化石中最吸引人眼球的莫过于 2007 年由布容·冯克发现的巨型上龙化石标本。全程跟拍的电视台敏锐地意识到，这只史前巨兽肯定会火，于是给它取了个霸气十足的昵称"掠食者 X"，并推出了同名纪录片。经鉴定，"掠食者 X"是上龙属的新种，被定名为冯氏上龙，以纪念发现者冯克的贡献。

我拨款！

我摄像！

我挖掘！

挪威政府　　　　纪录片制作组　　　古生物学家　约恩·赫尔姆

带枪防熊的科考队

　　科考队的工作环境非常恶劣，只有到了北极圈短暂的极昼时光才适合挖掘，科考队只能等待每年的夏天才能开展工作。不仅如此，随行的还有当地的保卫人员，他们甚至配备了毛瑟枪，防止岛上常常出现的北极熊袭击队员。

消失的巨兽

　　除了冯氏上龙，上龙类中还有一位古生物巨星——滑齿龙。凭借着在 BBC 纪录片《与恐龙同行》中亮眼的表现，25 米长的滑齿龙成为海洋爬行动物中的顶流。然而新研究表明，二十多米长的数据纯属估算错误，真正的滑齿龙只有六七米。

曾经的大小

现在的大小

北目龙

Ophthalmothule ··

📍 **分布**: 欧洲　　⏰ **生存时间**: 侏罗纪末白垩纪初

🔖 **种类**: 蛇颈龙目·隐锁龙科　　📏 **体长**: 5米

· 化石出土于挪威斯瓦尔巴群岛的斯匹次卑尔根岛。
· 分布最北的蛇颈龙类动物之一。
· 眼睛比例最大的蛇颈龙之一，眼眶比例占到了整个头骨的 29%。

冻骨北目龙
Ophthalmothule cryostea

大眼睛

躯干圆润

牙齿尖锐

长脖子

1米

学名本意是"北方的眼睛"。

生活在1.45亿年前的北极海域。

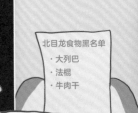

科学家发现其咬合力较弱。

平时可能以软体动物为主食。

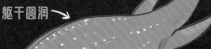

大眼睛所带来的极佳视力，或许是用来
适应北极地区极夜环境。

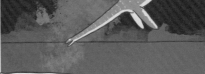

人们在它的胃部发现了大量碎砂，可能是
沿海底觅食的时候顺带吞入的。

双叶龙
Futabasaurus

· 发现于日本福岛县磐城市。

· 名字来源于所在地层双叶组。

· 曾出演哆啦A梦超长篇《大雄的恐龙》。

· 北美洲薄板龙的亚洲亲戚。

· 日本最著名的古生物之一。

口长尖牙

体形巨大

脖子细长

鳍状肢

铃木直是一位来自福岛，热衷古生物研究的日本高中生。

他在大久河岸边发现了化石，并致信了东京的古生物学家。

铃木双叶龙

Futabasaurus suzukii

注: 铃木直最终也实现梦想，成为磐城市菊石研究中心的古生物专家。

经费不足的专家自掏腰包，成功挖到了蛇颈龙化石。

专家为了纪念铃木直的贡献，以他的姓氏作为新物种种名。

来一份章鱼刺身。

双叶君的电影很感人呢。

它们喜欢吃乌贼和章鱼。

弱肉强食的世界呐!

老大，再给我个机会!

尸骸曾留下鲨鱼撕咬痕迹。

双葉 ⇄ 鈴木

38年ぶり

一度被称作"双叶铃木龙"，因为专家隔了38年才正式命名。

尾巴较短 ↓

学名本意"克洛诺斯的蜥蜴"，
以纪念古希腊泰坦神克洛诺斯。

克柔龙的胃内曾留有海龟的残骸。

伊罗曼加龙（一种蛇颈龙类）
的头骨曾发现克柔龙的咬痕。

在哥伦比亚曾发现新种克柔龙化石，
但目前认为它是独立属而非克柔龙。

1米

船桨似的鳍状肢

PREHISTORIC
PLANET 2

我也吃。

命丧龙口

近年热播的古生物纪录片《史前星
球》第二季里，沧龙跃出海面吞食远古
龙（一种蛇颈龙类）的画面令人印象深刻。
目前已知的化石证据显示，克柔龙也会
向远古龙发起袭击：古生物学家在一具
远古龙的化石上发现了齿痕，通过对比
人们猜测造成这些伤痕的罪魁祸首正是
克柔龙。

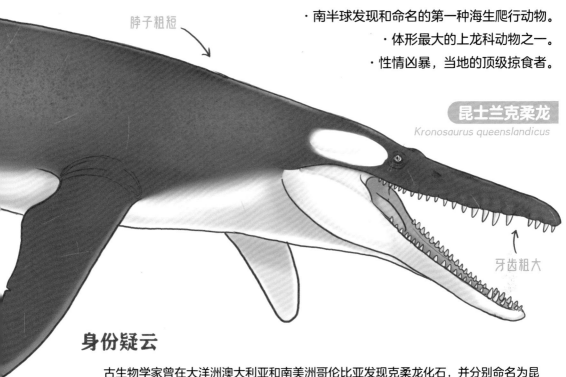

分布: 大洋洲 澳大利亚 南美洲 哥伦比亚　生存时间: 白垩纪早期

种类: 蛇颈龙目·上龙科　体长: 7~11米

克柔龙
Kronosaurus

· 南半球发现和命名的第一种海生爬行动物。

· 体形最大的上龙科动物之一。

· 性情凶暴，当地的顶级掠食者。

昆士兰克柔龙
Kronosaurus queenslandicus

脖子粗短

牙齿粗大

身份疑云

　　古生物学家曾在大洋洲澳大利亚和南美洲哥伦比亚发现克柔龙化石，并分别命名为昆士兰克柔龙和博亚卡克柔龙。然而 2021 年的新研究却认为，克柔龙缺乏有效的鉴定特征，目前已发现的克柔龙实为三个物种：昆士兰克柔龙、朗氏放逐龙和博亚卡蒙基拉龙。然而直至今日它们彼此间的关系仍充满争议，还须更细致的研究才能解答这一问题。

蛇颈龙有尾鳍吗？

在许多人的固有印象中，中生代的海生爬行动物只有像鱼龙、沧龙这样的物种才拥有尾鳍；而像蛇颈龙，大家都觉得它们只有棒状的短小尾巴。古生物学家告诉我们，根据蛇颈龙化石上的软组织印痕研究，它们的尾巴在生前或许也有尾鳍的存在。丝莱龙是种生活在侏罗纪早期欧洲的小型蛇颈龙类动物，它的体长仅 3.5 米，属于蛇颈龙亚目的微锁龙科。人们在一具近乎完整的丝莱龙化石上发现了软组织的印痕：在它的鳍状肢附近可以看到组织残留物的痕迹，更令人称奇的是在它的小尾巴周围依稀可见三角形的印痕。经

过古生物学家复原，丝莱龙的尾巴曾长有菱形的尾鳍。而且这一尾鳍和鲨鱼、沧龙等动物的垂直尾鳍不同，是类似鲸、海豚和儒艮的水平尾鳍。不仅如此，古生物学家还注意到，与其他海生爬行动物相比，蛇颈龙类的尾椎骨横突较长，尾巴更为扁平。巨大的躯干稍显僵硬，但尾部和躯干连接处活动空间却较大，这意味着蛇颈龙类的尾巴可以在一定范围内向上和向下运动。科学家因此推测，蛇颈龙的尾巴或许能像今天的鲸和海牛一样，在垂直方向进行摆动辅助游泳。大量研究表明蛇颈龙在水中运动类似现代海狮和海龟，

不同形状的尾鳍

垂直－上歪尾
（鲨鱼）

垂直－下歪尾
（沧龙）

水平尾
（鲸）

主要靠四肢的摆动，而关于尾巴的研究则暗示水平尾鳍可能对蛇颈龙游泳也有一定程度的帮助。也有不少专家对这一理论表示怀疑，还有人提出蛇颈龙的尾鳍其实是垂直的而非水平的。关于蛇颈龙的尾鳍问题百家争鸣，孰是孰非还需等待更完整、更清晰的蛇颈龙尾鳍化石出土才能给出答案。

丝莱龙

Seeleyosaurus

分布: 欧洲 德国
生存时间: 侏罗纪早期
种类: 蛇颈龙亚目·微锁龙科
体长: 3.5米

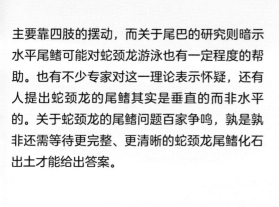

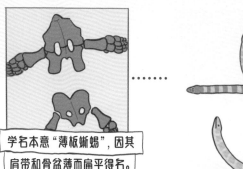

176°

155°

177°

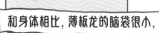

学名本意"薄板蜥蜴"，因其肩带和骨盆薄而扁平得名。

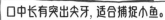

和身体相比，薄板龙的脑袋很小，口中长有突出尖牙，适合捕捉小鱼。

薄板龙的脖子灵活吗？

我们人类只有 7 节颈椎，而薄板龙却有多达 70 节以上的颈椎。10~12 米长的薄板龙，光脖子就有六七米。尽管薄板龙的脖子很长，看上去非常灵活，其实它们的脖子只能在有限的范围内摆动。通过对薄板龙颈部关节的结构进行分析，古生物学家发现，薄板龙的脖子向上最多达 155°，向下约 177°，左右则接近 176°。

长脖子

小脑袋

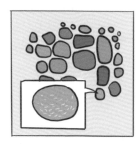

肚子里的石头

科学家在薄板龙的胃部发现了大大小小的石头：最小的和沙砾差不多大，最大的直径接近 17 厘米，足足有 1.4 千克重！这些石头有什么作用呢？原来，薄板龙进食只能囫囵吞下，无法细细咀嚼，胃石可以用来研磨食物。不仅如此，胃石还可以增加水生动物的重量，起到"压舱石"的作用。专家在这些胃石表面发现了贝壳状的压痕。据推测，这些压痕是薄板龙胃肠道蠕动时肠壁对石头的挤压造成的。

分布: 北美洲 美国　　生存时间: 白垩纪晚期

种类: 蛇颈龙目·薄板龙科　　体长: 10~12米

薄板龙
Elasmosaurus

· 蛇颈龙类中模样最经典的种类。

· 体形最大的蛇颈龙类之一。

· 人气极高，是人类最了解的蛇颈龙之一。

· 曾导致古生物学史上最著名的"乌龙事件"。

扁尾薄板龙
Elasmosaurus platyurus

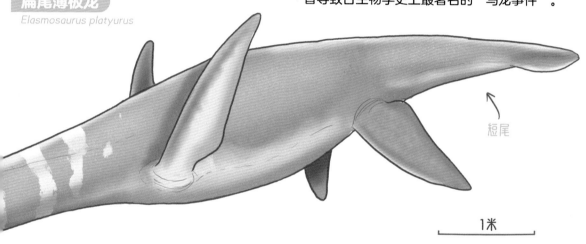

短尾

1米

薄板龙的长脖子有啥用？

渔场

1. 伸进鱼群捕鱼；

2. 探进洞穴捕猎；

3. 可能有丰富的颜色，用来吸引异性。

薄板龙"乌龙事件"

1867年，美国军医西奥菲勒斯·特纳在堪萨斯州西部发现了一具近乎完整的蛇颈龙类动物化石。特纳是位业余的化石猎人，眼尖的他很快就发现了其中的商机。彼时美国古生物学方兴未艾，精美的化石是这些化石猎人手中的香饽饽。很快，特纳联系上了著名古生物学家爱德华·柯普，后者许以优厚的酬金作为答谢。装着100多块化石的大箱子浩浩荡荡地运往柯普的大本营费城，不到半个月时间，他就已完成了基本研究工作，在费城自然科学院公布了研究的结果。柯普将这种动物命名为 "Elasmosaurus"，意思是"薄板蜥蜴"，指其巨大而平整的肩带和骨盆。心急的柯普火速在《美国哲学学会学报》上刊登了自己关于薄板龙的研究，并亲手绘制了薄板龙的复原图。他认为薄板龙类似现代的蜥蜴，脖子较短而尾巴较长。柯普的导师、美国古生物学泰斗约瑟夫·雷迪很

约瑟夫·雷迪

爱德华·柯普

快就发现了徒弟的错谬。雷迪指出柯普误将颈椎骨当成了尾椎骨，薄板龙本是一长颈动物，脑袋却被自己的徒弟安装到了尾巴上。雷迪在费城自然科学院的会议中指出了柯普的错误，这让自大的柯普略显尴尬。柯普本想辩驳一番，但这一错误实在是低级，于是他想着怎么才能让这一事件的影响降到最低。柯普立即联系了出版社，希望能将印有这篇论文的预印本全部购买来销毁。然而木已成舟，薄板龙"乌龙事件"很快传遍了整个古生物学界。柯普的死对头、同为美国知名古生物学家的奥塞内尔·马什，在两人未来迁延数十年的"化石战争"中，屡次翻出这件事重提，使柯普气得牙痒痒。作为接受过专业训练的古生物学家，柯普的错误确实令人忍俊不禁，但他也间接促成了薄板龙之名在世界范围内的传播，进而成为蛇颈龙家族中为人类最熟悉的一员。

◀ 早期的薄板龙复原形象。由于首具化石缺乏后肢，柯普甚至没有为其画出后脚。

逆流而上吃石头

古生物学家在许多薄板龙腹中发现了大大小小的石头，这些石头被鉴定为胃石。专家推测，薄板龙肚中的胃石主要是用来研磨胃中的食物，这在胃石上的压痕可以验证。不仅如此，科学家还发现薄板龙对胃石的选择可谓十分挑剔——这些巨大的海生动物为了找到合适的石头甚至会逆流而上，进入内陆淡水流域！原来，通过对石质进行分析，人们发现很多薄板龙的胃石都来源于其栖息地600~800千米的内陆地区。古生物学家推测，薄板龙或许会组团出发，从浅海沿着入海口一路溯游，直到吞下足够量的胃石才会回到海中。工欲善其事必先利其器，不远万里吞石头的薄板龙可谓是用心至专。

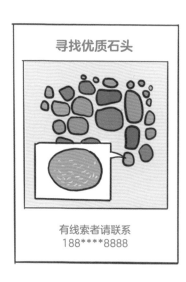

寻找优质石头

有线索者请联系
188****8888

鳄面蛇龙

Serpentisuchops

· 学名本意"蛇形鳄鱼脸"，指其头长似鳄，颈长似蛇。

· 化石于 1995 年在美国怀俄明州被发现，

直到 2022 年才被正式命名。

· 鳄面蛇龙体现了蛇颈龙演化的多样性。

短头

长脖子

蛇颈龙家族中要么是短头长颈，

菲氏鳄面蛇龙

Serpentisuchops pfisterae

长脑袋

口生尖牙

长脖子

1米

长头

短脖子

要么就是长头短颈的种类，

你也是拼接的吗?

而长头长颈的鳄面蛇龙在蛇颈龙类则是非常罕见的存在。

化石显示其脖子附着的肌肉发达，捕猎时能够有力地摆动颈部。

牙齿适合捕猎小型动物，或许以小鱼小虾为食。

双臼椎龙

分布: 北美洲　　**生存时间**: 白垩纪晚期
种类: 蛇颈龙目·双臼椎龙科　　**体长**: 5米

Polycotylus ···

· 学名本意"非常凹陷的脊椎"。
· 和上龙类长得相像，但两者亲缘关系极远，属于趋同演化。
· 可能以鱼和头足类动物为主食。

宽鳍双臼椎龙
Polycotylus latipinnis

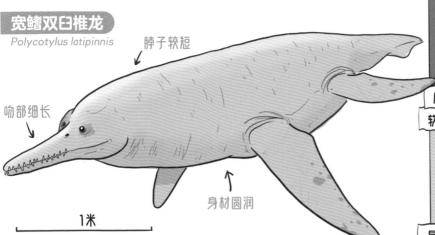

脖子较短

吻部细长

身材圆润

1米

宝宝的头
快出来了！

它们可能是类似海豚的掠食者，游动速度很快。

20世纪80年代，科学家发现了双臼椎龙腹中的胎儿，证明其是胎生繁殖的动物。

减肥茶

快拨打电话
抢购吧

原先认为双臼椎龙类都很纤瘦。

○ 骨骼
○ 软组织印痕

后来发现了双臼椎龙类的软组织印痕。

显示它们或许和海狮、海豹一样，拥有厚厚的脂肪。

退钱！

虚假广告

身材看上去十分圆润。

分布: 南极洲 西摩岛　　生存时间: 白垩纪晚期

种类: 蛇颈龙目·薄板龙科　　体长: 8~9米

莫特纳龙
Morturneria

·学名为纪念莫特·特纳教授，感谢其对南极古生物研究的贡献。

·最晚灭绝的蛇颈龙类之一。

西摩岛莫特纳龙
Morturneria seymourensis

鳍状肢较长

脖子较粗短

牙齿几乎水平向外突出

鳍状肢

1米

化石出土于南极洲的西摩岛。

将化石放在烤炉上，以防止包化石过程中石膏凝固。

白垩纪时期南极还未被冰盖覆盖。

当时的南极生活着许多恐龙和鸟类。

莫特纳龙是种滤食动物，它们会张嘴吸入大量带浮游生物的海水，再用细密的牙齿滤出海水。

专家猜测，它们或许会像今天的灰鲸一样搅动海床，从扬起的泥沙中滤食浮游生物。

蛇颈龙只生活在海洋中吗?

无论是在科普书中还是在纪录片里，我们看到的蛇颈龙类似乎都与海洋联系紧密。蛇颈龙只有海里有吗？淡水中能不能见到蛇颈龙的身影呢？

事实上，蛇颈龙家族的势力早在侏罗纪早期就已经蔓延至内陆淡水流域，来自我国重庆的璧山上龙就是其中之一。璧山上龙1980 年出土于四川省璧山县（今属重庆市璧山区），身长 2~4 米，曾被归入彪龙科，也有不少科学家认为它是上龙类的一员。古生物学家告诉我们，化石沉积显示璧山上龙生活在亚热带内陆湖泊，是一种毋庸置疑的淡水蛇颈龙。除此之外，我国学者还在重庆发现了来自侏罗纪中期的渝州上龙，它同样栖息于淡水湖，与很多恐龙如峨嵋龙、四川龙和灵龙等比邻而居。在四川威远和甘肃也发现了淡水蛇颈龙遗留下的化石。

好邻居!

除了中国，在英国、加拿大和澳大利亚也发现了许多淡水蛇颈龙的化石，它们分属上龙科、双臼椎龙科和薄板龙科等多个门类，可见蛇颈龙家族中的各个分支都曾经前赴后继奔向淡水。有些淡水流域甚至在同一个地区出土了多种淡水蛇颈龙的化石，它们的体形和结构都有不小的差异。专家推测这些淡水蛇颈龙或许已适应了不同的生态位以避开和近亲的竞争。

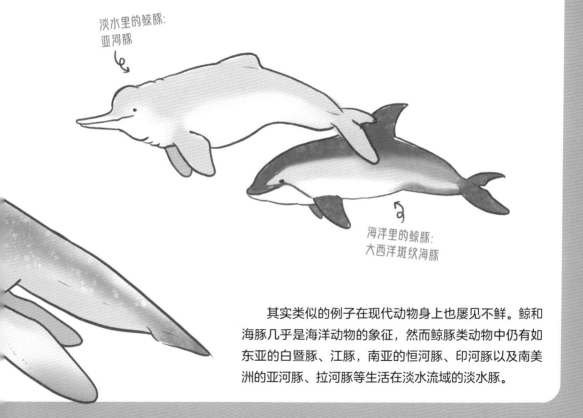

淡水里的鲸豚：
亚河豚

海洋里的鲸豚：
大西洋斑纹海豚

其实类似的例子在现代动物身上也屡见不鲜。鲸和海豚几乎是海洋动物的象征，然而鲸豚类动物中仍有如东亚的白暨豚、江豚，南亚的恒河豚、印河豚以及南美洲的亚河豚、拉河豚等生活在淡水流域的淡水豚。

再见！蛇颈龙

随着 6600 万年前一颗小行星坠入尤卡坦半岛，持续了近 1.86 亿年的中生代宣告结束。恐龙、翼龙和沧龙等大量史前生命步入灭绝的深渊，蛇颈龙家族自然也不例外。作为人类最早研究的史前爬行动物之一，蛇颈龙自出土的那一刻起，就一直受到全世界的瞩目。无论是玛丽·安宁的励志传奇，还是爱德华·柯普的乌龙风波，和蛇颈龙有关的故事总是那么充满魅力。

人类对蛇颈龙的狂热喜爱，也让它们以神秘动物的姿态重新登上地球舞台：著名的尼斯湖水怪可谓是神秘生物中的"带头大哥"，其公认的形象就是一只蛇颈龙。1934 年 4 月，伦敦外科医生威尔逊驱车经过苏格兰的尼斯湖时，拍摄下轰动全球的经典照片：波光粼粼的湖水中，一个小脑袋探出水面，连着头部的是一条长长的脖子。即使不是古生物爱好者，也能辨别出这活脱脱就是一只蛇颈龙。自那时开始，每年前往尼斯湖调查水怪的游客络绎不绝，真真假假的水怪照片也陆续流传开来。尼斯湖水怪真的是蛇颈龙吗？1994 年，威尔逊临终前忏悔，所谓尼斯湖水怪是自己用模型绑在潜水艇上伪造而成的。专家也从地理和气候等角度分析，得出了尼斯湖不可能有蛇颈龙生存的结论。无独有偶，1977 年日本渔船"瑞洋丸号"在新西兰海域打捞到一具海洋动物腐尸。从外形上看，小脑袋、长脖子、鳍状肢，简直和蛇颈龙惊人地相似。这一发现让很多人提出了一个构想：蛇颈龙会不会躲在深海里没有灭绝呢？后来，海洋学家经过对比，认为所谓的蛇颈龙腐尸其实是姥鲨的尸体。因为尸体高度腐烂，仅留下骸骨和部分肉体，才让船员误以为是蛇颈龙。

蛇颈龙类作为一个繁荣而庞大的家族，在经历了大灭绝后只留下皑皑白骨给我们凭吊。今天的我们想要了解蛇颈龙的秘密，或许只能去博物馆一睹风采。

还有哪些有趣的古生物?

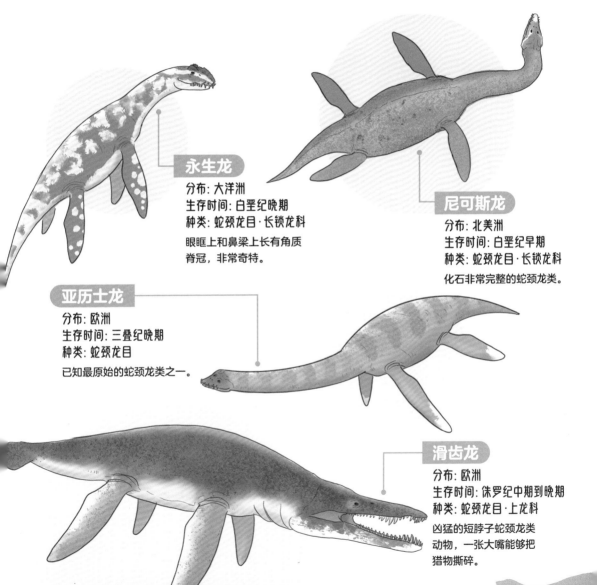

永生龙

分布: 大洋洲
生存时间: 白垩纪晚期
种类: 蛇颈龙目·长锁龙科

眼眶上和鼻梁上长有角质脊冠,非常奇特。

尼可斯龙

分布: 北美洲
生存时间: 白垩纪早期
种类: 蛇颈龙目·长锁龙科

化石非常完整的蛇颈龙类。

亚历士龙

分布: 欧洲
生存时间: 三叠纪晚期
种类: 蛇颈龙目

已知最原始的蛇颈龙类之一。

滑齿龙

分布: 欧洲
生存时间: 侏罗纪中期到晚期
种类: 蛇颈龙目·上龙科

凶猛的短脖子蛇颈龙类动物,一张大嘴能够把猎物撕碎。

第三章

沧龙！
小小"蜥蜴"的逆袭史

　　沧龙家族起自毫末，本是岸边蜥蜴似的小动物。在白垩纪凶险的波涛中，"小蜥蜴"面对各种挑战不屈不挠，最终战胜万难强势登顶，成为中生代海洋的末代霸主，谱写了一首壮丽的帝国史诗。灭绝并没有结束沧龙的故事，随着越来越多的化石出土，古生物学家已经逐渐揭开了沧龙家族的封印——它们长啥样？它们喜欢吃啥？它们是怎么繁衍的？都将在这里找到答案。

沧龙：中生代海洋末代君主

随着好莱坞大片《侏罗纪世界》在全球热映，电影里一口吞下鲨鱼的大沧龙圈粉无数，这位中生代的古生物明星再次登上话题榜的头条。沧龙是恐龙吗？相信很多刚刚接触古生物的朋友们都会发出这个疑问。虽然长得有些"恐龙样儿"，但沧龙是一类已灭绝的海生爬行动物，属于鳞龙类中的有鳞目，是现代蛇和巨蜥的近亲。

自18世纪末首具沧龙化石被发现以来，沧龙研究已逾250多年。新颖的技术引进加上崭新的化石出土，让人们对沧龙家族有了更深入的了解。真实的沧龙真长成电影里那样吗？快和我们一起潜入白垩纪的海洋，探索中生代海洋末代君主的秘密吧！

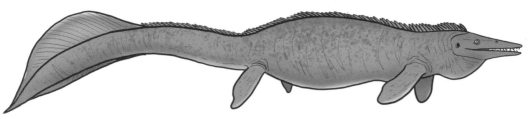

▲ 19世纪90年代的海王龙复原，和今天的复原已有很大的区别。

抽丝剥茧：沧龙的复原史

自沧龙发现之日起，关于它的长相就一直是古生物学界乃至古生物艺术圈热议的话题。因为沧龙属于有鳞目，与现代蛇和巨蜥有着千丝万缕的联系，所以早期艺术家在复原沧龙时，往往会加入许多蜥蜴等现代有鳞目动物的特征。著名的古生物艺术家查尔斯·奈特就曾创作过一幅海王龙（一种沧龙类动物）复原图。复原图里的海王龙长着类似鬣蜥棘刺的肉刺，皮肤粗糙，尾巴仿佛鳗鱼的鱼鳍。幸运的是，近年来的研究已经能帮我们较准确地还原出海王龙的真实面貌。

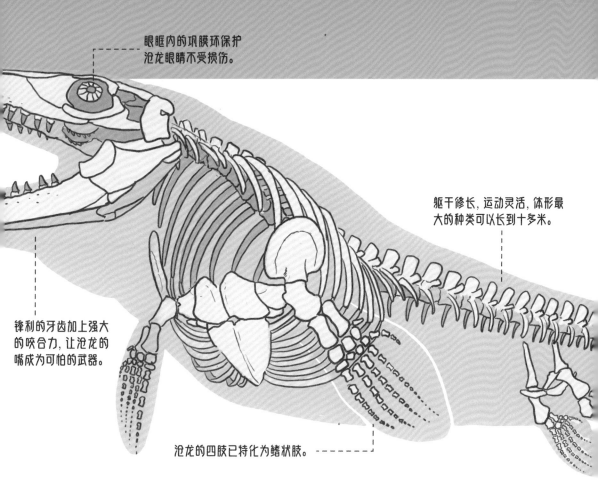

眼眶内的巩膜环保护
沧龙眼睛不受损伤。

躯干修长，运动灵活，体形最
大的种类可以长到十多米。

锋利的牙齿加上强大
的咬合力，让沧龙的
嘴成为可怕的武器。

沧龙的四肢已特化为鳍状肢。

鲨鱼的尾巴？

　　在过去很长一段时间里，科学家都认为沧龙长有普通
蜥蜴似的细长棒状尾巴。然而近年来，古生物学家在世界
多地发现了沧龙类尾部印痕化石，显示沧龙的尾鳍向下弯
形成类似鲨鱼尾鳍的尾叶。而且不同种类的沧龙尾鳍形状
有一定差异，尾鳍的存在为沧龙提供了强大的驱动力。

鳞龙一家 沧龙的分类

我们已经知道，尽管沧龙长相和恐龙有些神似，但它们是与恐龙完全不同的物种。恐龙属于主龙类，而沧龙则来自鳞龙类中的有鳞目。有鳞目是一个大家族，今天地球上的蛇、壁虎、鬣蜥和变色龙都是这个家族的一员。在亿万年的演化历史中，有鳞目曾诞生过无数神奇的物种，沧龙便是其中之一。毫不夸张地说，沧龙是有史以来体形最大、力量最强大的有鳞目动物。

自沧龙被发现以来，关于沧龙的身世就一直处于争论状态，有的专家认为沧龙是巨蜥的远亲，有的学者推测沧龙与蛇类关系更近。近十年来较多的研究显示沧龙与蛇的关系更为亲密，二者可能拥有共同的祖先。一般而言，广义的沧龙指的是沧龙科动物（有时也会把崖蜥等沧龙超科动物包含在内），而狭义的沧龙指的是沧龙科沧龙亚科沧龙属动物。

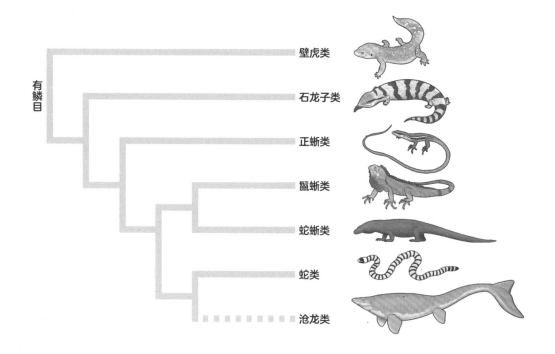

有鳞目
- 壁虎类
- 石龙子类
- 正蜥类
- 鬣蜥类
- 蛇蜥类
- 蛇类
- 沧龙类

谜一般的伸龙

伸龙是种生活在白垩纪晚期欧洲的水生爬行动物,体长约1米。正如其形态所示,伸龙的学名本意就是"细长的蜥蜴"。直到今天,古生物学家还未明确伸龙的具体分类,但通过骨骼上的诸多特征,科学家猜测伸龙与沧龙类、巨蜥类和蛇类有着千丝万缕的联系。

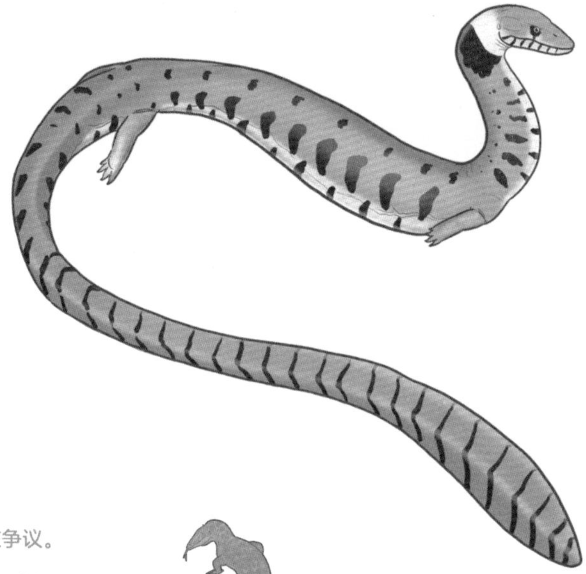

注:此处只列举沧龙超科部分物种,部分分类仍存在争议。

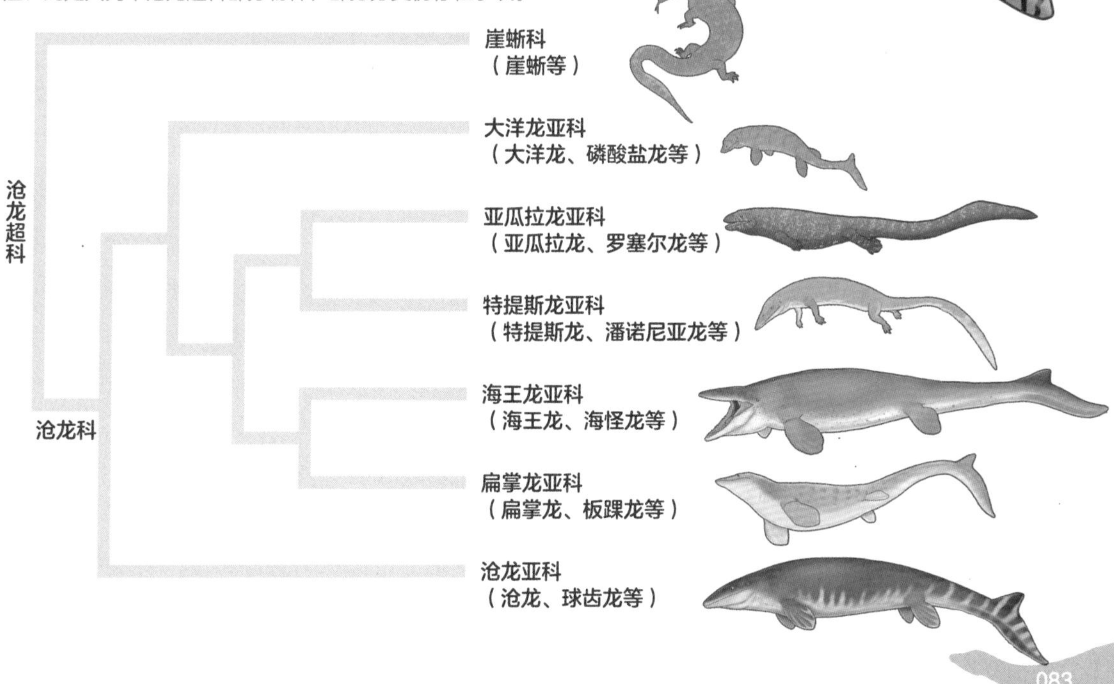

崖蜥科
(崖蜥等)

大洋龙亚科
(大洋龙、磷酸盐龙等)

亚瓜拉龙亚科
(亚瓜拉龙、罗塞尔龙等)

特提斯龙亚科
(特提斯龙、潘诺尼亚龙等)

海王龙亚科
(海王龙、海怪龙等)

扁掌龙亚科
(扁掌龙、板踝龙等)

沧龙亚科
(沧龙、球齿龙等)

沧龙超科

沧龙科

一张一合 沧龙的咬合与吞食

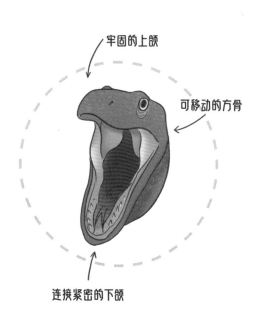

牢固的上颌

可移动的方骨

连接紧密的下颌

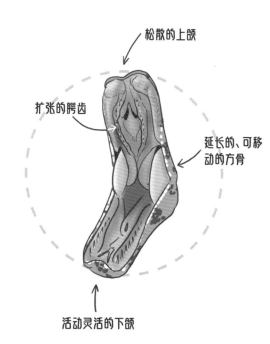

松散的上颌

扩张的腭齿

延长的、可移动的方骨

活动灵活的下颌

如今我们已经知道沧龙是现代巨蜥和蛇的远亲，它们在很多结构上拥有相似之处。包括巨蜥在内的蜥蜴，在三者之中颌部最不灵活，它们上颌骨连接牢固，没有可以灵活活动的关节，下颌连接也很紧密，只有可移动的方骨可以辅助颌骨前后移动，帮助它们吞下体格较大的猎物。而许多蛇类则宛如高度特化的致命武器，它们的上颌和下颌彼此的连接十分松散，加上弹性十足的韧带，即使是直径比自己嘴巴宽度大上几倍的

猎物，它们都能吞下。一条蟒蛇还可以吞噬一只大野猪。此外，蛇的上颚还长有特殊的腭齿。这是一种存在于许多爬行类和两栖类动物身上的结构，仔细一看可见嘴里每侧多生了一排牙齿。这些腭齿可以帮助固定猎物。相比之下，沧龙的咬合仿佛是介于巨蜥和蛇类之间的"中间态"，它们的颌部比巨蜥灵活，口中长有翼齿，但捕猎时嘴巴没法像蛇类一样张开得如此夸张。

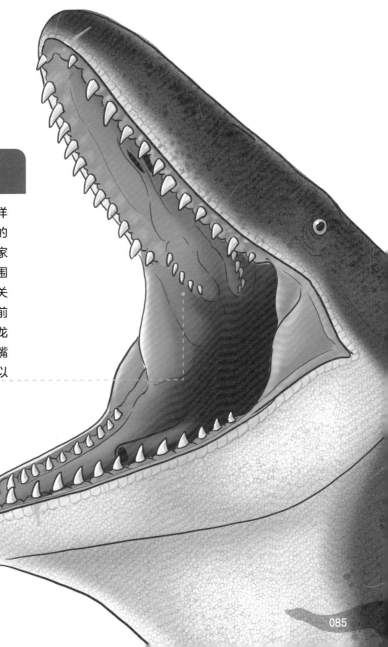

吓人的大嘴

　　沧龙的一张大嘴是无数史前海洋生物的噩梦，即使是一些体形较大的动物也能被它们吞下肚。古生物学家发现，沧龙的方骨较长，而且与周围的关节连接松散。方骨是连接下颌关节的骨头，它能够帮助沧龙的嘴巴前后移动，张得更大。不仅如此，沧龙的下颌连接松散，可以进一步扩大嘴巴的容积。而上腭残留的翼齿则可以帮助牢牢固定住猎物。

崖蜥

分布: 欧洲 克罗地亚   生存时间: 白垩纪晚期

种类: 有鳞目·崖蜥科   体长: 1米

Aigialosaurus

· 学名本意是"海滩的蜥蜴"。
· 过着水陆两栖的生活。
· 习性可能类似现代的水巨蜥。

达尔玛崖蜥
Aigialosaurus dalmaticus

尾巴纤细

足生趾爪

躯干狭长

20厘米

化石出土于克罗地亚。

吻部尖细，头部又窄又长。

生活在浅海沿岸的海滩。

我看你有帝王之相，将来必称王霸业。

骗子。

算卦 相面 测字

目前已知最原始的沧龙类动物之一。

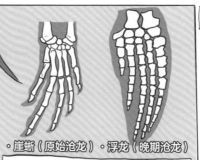

· 崖蜥（原始沧龙） · 浮龙（晚期沧龙）

四肢仍拥有趾爪，未特化为鳍状肢。

086

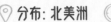
独行侠
加油！

分布: 北美洲　　生存时间: 白垩纪晚期
种类: 有鳞目·沧龙科　　体长: 1米

达拉斯龙
Dallasaurus

· 位于演化基干位置的原始沧龙。
· 学名本意是"来自达拉斯的蜥蜴"。
· 首具化石由业余收藏家范·特纳发现。
· 化石较完整，提供许多珍贵的信息。

特氏达拉斯龙
Dallasaurus turneri

化石出土于美国达拉斯。

由专家波尔欣研究命名。

躯干修长

尾巴宽扁

← 脚生趾爪

20厘米

四肢未特化，保存有趾爪。

以小鱼、小虾等动物为食。

探亲。
陆地站 ←
虽然主要以水生生活，但仍可上岸活动。

证明了沧龙演化是由小逐渐变大。

扁掌龙

Plioplatecarpus

分布: 北美洲 欧洲 南极洲　生存时间: 白垩纪晚期
种类: 有鳞目·沧龙科　体长: 3~7米

- 学名本意是"更加扁平的腕部"。
- 繁荣了近 1000 万年的物种。
- 眼睛比例很大，可以适应昏暗的水下环境。

大脑的比例较大，可能是已知最聪明的沧龙之一。

始扁掌龙

Plioplatecarpus primaevus

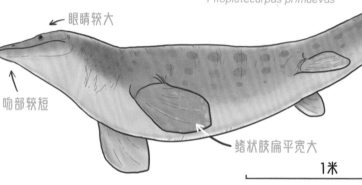

→ 眼睛较大

↑ 吻部较短

鳍状肢扁平宽大

1米

牙齿数量少，尖端稍弯曲，适合捕捉柔软的头足类动物。

在加拿大的内陆河流也发现了扁掌龙的化石，可能会进入淡水流域生活。

记得去产检!

在一只雌性扁掌龙的腹中，人们还发现了珍贵的胚胎化石。

前肢宽大，甚至有专家猜测它们能像海狮一样用前肢游泳。

板踝龙

Platecarpus

· 学名本意是"扁平的腕部"，指其宽大扁平的鳍状肢。

· 牙齿数量少，可能以鱼类和头足类动物为主食。

· 牙齿同位素分析显示它会进入淡水流域。

在一具板踝龙化石上发现了

罕见的视网膜黑素体。

鼓板踝龙

Platecarpus tympaniticus

大眼睛　头部较短

尾巴长

1米

前肢扁平宽大

板踝龙的尾巴印痕显示它们的尾鳍类似鲨鱼的。

板踝龙的鳞片细腻，能够减少游泳时的阻力，提升泳速。

2个肺!

吸烟有害健康

保留有气管软骨环的痕迹，支气管分叉提示它有2个肺叶，而近亲蛇类只有1个肺叶。

做得好!

板踝龙留下的宝贵化石材料，为古生物学家研究沧龙类提供了重要帮助。

沧龙是怎么生宝宝的?

作为高度适应海生生活的大型爬行动物，沧龙的繁殖一直是困扰古生物学家的难题。不像鱼龙类化石中不乏保存有生产过程的标本，沧龙家族中尚未发现正在分娩的母体化石。然而专家在世界各地发现的一些蛛丝马迹，还是能为我们揭示沧龙的繁殖之谜。2001年，加拿大艾伯塔大学的德维尔教授公布了一项研究：他在一只卡索龙（一种生活在欧洲的早期沧龙类动物）的腹腔内发现了4枚胚胎的残骸。这4枚胚胎没有损伤和消化的痕迹，所以排除了是被吞食的可能。这一发现有力地证明了沧龙是胎生或是卵胎生而非上岸产卵的繁殖方式，沧龙宝宝在母体内孵化，出生时就是独立的小个体。不仅如此，人们在硬椎龙和扁掌龙等其他沧龙类动物中，也发现了胚胎或是幼崽的化石，更进一步佐证了这一假说。

然而在2020年，智利的研究团队却公布了一项与众不同的发现——他们在南极洲发现了一枚长达30厘米的软壳蛋化石，它不仅打破了最大卵壳蛋的纪录，还被古生物学家鉴定为沧龙类的蛋。这是人类第一次发现沧龙产的蛋，它的外壳较软，类似现代蛇和海龟产的卵。有人猜测，沧龙产卵后，小沧龙会迅速破壳，残留的蛋外壳太薄因此难以保存，这也是之前一直鲜有沧龙蛋被发现的原因。然而还有不少人对此表示反对，他们认为沧龙的软壳蛋是沧龙卵胎生的体现，沧龙蛋在母亲子宫内孵化，而南极发现的沧龙蛋或许只是流产的死胎罢了。

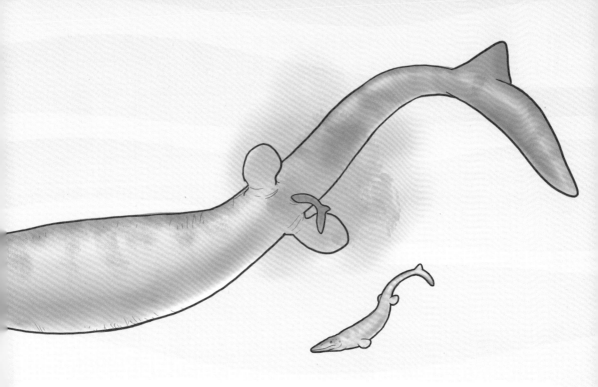

　　2015 年，美国耶鲁大学的古生物学家丹尼尔·菲尔德在美国堪萨斯州发现了 2 具硬椎龙幼崽化石。硬椎龙是种生活在白垩纪晚期北美地区的小型沧龙类，体长约 3 米，身材纤细狭长，鳍状肢圆钝，因紧密连接的脊椎得名。而新发现的硬椎龙幼崽化石体长仅 0.7 米，是目前已知最小的沧龙类化石标本之一。在传统观念中，诸如沧龙这样的大型海生爬行动物，为了躲避掠食者，童年或许都是在地形复杂、掩体众多的浅海珊瑚礁度过的。然而埋藏的环境显示，硬椎龙幼崽平时生活在离海岸数百千米的远洋区域，这与过去的认知相悖。所以有专家推测，或许沧龙是一类早熟的动物，幼崽在出生后就能独立生活，能够适应复杂凶险的海洋环境。结合海王龙等沧龙类化石的分析，古生物学家发现幼年沧龙或许有着和成年沧龙不同的饮食偏好，并凭此避开竞争。

倾齿龙

Prognathodon ···

· 学名本意是"前腭牙齿"。
· 属于沧龙科中的沧龙亚科。
· 几乎在全球都有分布。
· 种类繁多，不同种体形差异很大。

牙齿粗钝，适合压碎猎物。

体形壮硕

巨倾齿龙
Prognathodon giganteus

颌部厚实，咬合力惊人。

← 尾鳍分叶

1米

发现有尾鳍轮廓的印痕。

牙齿特化成捕捉海龟、菊石等带硬壳的猎物
（鱼类和鱿鱼也吃）。

化石周围常散落鲨鱼牙齿，可能是
尸体被食腐的鲨鱼吞食。

喜欢和同类打架，经常伤痕累累。

三角形鳍肢

别拿农场主不当古生物学家。

较完整的化石由美国退休农场主皮特·布森发现。

带牙根的牙齿像杏鲍菇。

靠前的牙齿尖利, 靠后的圆钝。

分布: 北美洲 非洲 亚洲　生存时间: 白垩纪晚期

种类: 有鳞目·沧龙科　体长: 3~6米

球齿龙
Globidens

· 学名本意是 "球状的牙齿"。
· 生存年代横跨近 2000 万年。
· 颌部发达, 咬合力出众。
· 胃内容物中发现有贝类的残骸。

阿拉巴马球齿龙
Globidens alabamaensis

吻部较短

牙齿特化

鳍状肢体

1米

目前已发现多种球齿龙。

分布在北美洲、亚洲和非洲等地。

花甲粉

牙齿特化后专门捕猎带壳的猎物。

学术研讨会

马什和柯普曾为研究它争得不可开交。

海王

虽然名字叫海王龙，其实和海王没有什么关系。

扭一扭

颈部、骨盆和尾巴活动灵活。

攻城锤

球状的吻部前端可以在捕猎时用来冲撞猎物。

海王龙是恒温动物，平均体温 34.3℃。

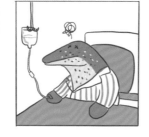

海王龙也生病？

古生物学家在一些海王龙的骨骼上发现了类似"减压病"的病理改变。所谓"减压病"指的是潜水者快速浮潜时水压变化过快，导致原本溶解于血液中的氮气以气泡的形式溢出，进而导致气体栓塞，引起一系列症状，严重的甚至会昏迷或死亡。看来海洋霸主也饱受伤病的烦恼。

← 前端凸起

鳍肢较圆 ↗

骨骼疏松，可能贮存丰富的脂肪细胞以增大浮力

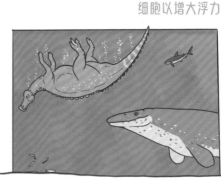

落水的鸭嘴龙类尸骸上也发现了它的咬痕。

分布：北美洲 欧洲 亚洲 非洲　　生存时间：白垩纪晚期

种类：有鳞目·沧龙科　　体长：6~12米

海王龙
Tylosaurus

· 学名本意是"（吻部）呈球状的蜥蜴"。
· 最著名的沧龙类动物之一，专家对它研究较深入。
· 早期沧龙类中体形最大的一员，种类较多。
· 当地海洋中的混世魔王，几乎什么都敢吃。

舟首海王龙
Tylosaurus proriger

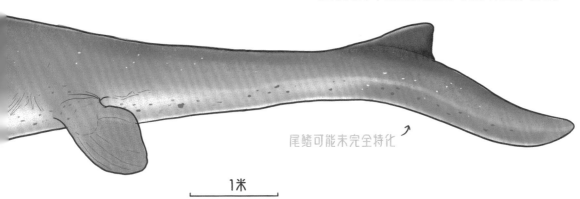

尾鳍可能未完全特化

1米

成长的变化

　　海王龙因标志性的球状吻部得名，但是这个"攻城锤"并非一出生就用得上。2018 年，古生物学家鉴定了一具幼年海王龙化石，并和不同年龄段海王龙进行对比，发现海王龙幼崽的吻部较短，随着年龄增长才逐渐变长。这或许暗示海王龙在不同生长阶段有着不同的生活习性和捕猎习惯。

沧龙的颜色

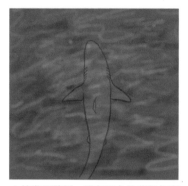

▲从海面俯视，鲨鱼深色的背部与海水融为一体。

▲从海底仰视，鲨鱼浅色的腹部与海面颜色相近。

　　我们能知道沧龙的颜色吗？如果在过去，这无异于天方夜谭。但2014年，来自瑞典伦德大学的古生物学家约翰·林德格伦却为我们提供了一些线索。林德格伦教授在海王龙鳞片化石的印痕上采集到了黑素体的残留样本。黑素体是动物体表决定颜色的结构之一，之前学者们就已经通过黑素体成功还原出中华龙鸟、近鸟龙和小·盗龙等许多恐龙的颜色，但这用在沧龙研究上还是头一遭。

　　研究显示，海王龙的上半身颜色较深，下半身颜色较浅，和现代的噬人鲨、棱皮龟十分相似。这种上深下浅的体色特点被称为反荫蔽（countershading），是动物的一种生存策略。当其他动物从它上方向下看时，深色的背部与深色的海水融为一体；而从下方往上看，浅色的腹部又与波光粼粼的海面颜色相近。这种配色普遍存在于各种动物身上，猎物借此迷惑掠食者以躲过袭击，掠食者又用它悄悄靠近猎物不被发现。

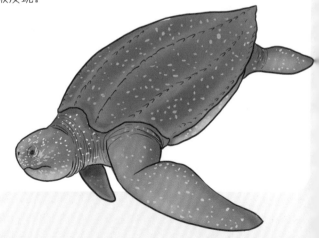

温暖的巨兽
沧龙的体温

2020年，古生物学家在俄罗斯楚科奇北部靠近极地地区发现了海王龙化石，这也是目前已知生存地点最北方的沧龙类。沧龙也能在北极居住？它们不怕冷吗？众所周知，现代大部分鳄鱼、蜥蜴和蛇等爬行动物几乎是清一色的变温动物（也就是俗称的冷血动物），它们体内缺乏维持体温恒定的结构，需要通过晒太阳来吸收足够供应一天所需的热量。如果遇到天气不佳的情况，它们就会减少活动以节省能量。到了寒冷的冬天，有不少种类还会冬眠来克服恶劣的气候环境。而像哺乳动物、鸟类等，它们属于恒温动物（也就是俗称的温血动物），即使是大冷天也能活动自如。然而研究显示，同样属于爬行类的海王龙，却是恒温动物的一员。

恒温动物和变温动物的耗氧量有一定差异，通过检测海王龙化石上残留的氧同位素，科学家能够估算出海王龙的平均体温。估算的结果为34.4℃，这表明海王龙能维持体温恒定，在冰冷的海水里不必担心体温丧失。充足的能量让海王龙成为一台高性能的杀戮机器，它们可以自如地在海中游弋捕猎。不仅如此，古生物学家还发现了海王龙的鳞片，这些只有几毫米的小鳞片呈菱形，仿佛一件鲨皮泳衣，能够在游动时为海王龙减小阻力。更不用提海王龙的一张大嘴及数十颗圆锥形的尖牙，组合起来就是一件杀伤力极强的武器。超高的机动性配合上满口尖牙，让海王龙成为白垩纪海洋生物的梦魇。

部分鱼类　两栖类　部分爬行类　海王龙　人类　鸟类　哺乳动物

变温　恒温

沧龙食堂 沧龙的牙齿与食性

作为一个种类繁多的大家族，沧龙类在短时间内就演化出适应各种生态位的成员：有的爱吃坚硬的贝类，有的爱吃柔软的鱿鱼，还有的干脆来者不拒啥都吃……古生物学家通过对比不同种类沧龙的牙齿，并且结合了对胃内容物化石的研究，将沧龙牙齿的功能进行了简要的分类，让我们对沧龙的饮食有了更清晰的了解。

穿刺

舟首海王龙 *T.proriger*

牙齿呈锥形，顶端尖锐，兼具穿刺和研碎猎物的功能，目力所及皆能入口。

马氏扁掌龙 *P.marshi*

牙齿尖而细，适合穿刺柔软的猎物，以头足类（鱿鱼等）和鱼类为食。

阿拉巴马球齿龙 *G.alabamaensis*

牙齿粗钝，呈球状，适合压碎带有硬壳的猎物，如菊石和贝类。

霍夫曼沧龙 *H.hoffmannii*

牙齿较扁，边缘锋利，表面具有纵棱，适合切割，可以应对各种猎物。

饱和倾齿龙 *P.saturator*

牙齿粗大，边缘锋利，兼具切割和压碎猎物的功能，食性广泛，软硬皆食。

压碎

切割

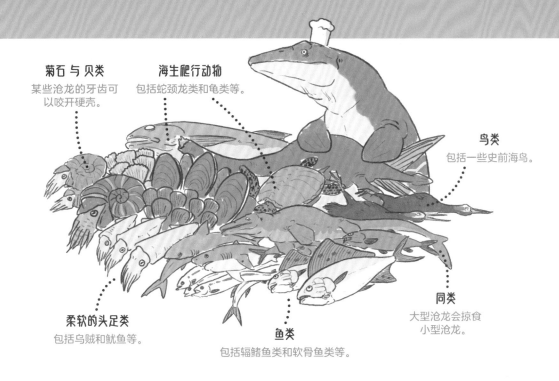

菊石与贝类
某些沧龙的牙齿可以咬开硬壳。

海生爬行动物
包括蛇颈龙类和龟类等。

鸟类
包括一些史前海鸟。

柔软的头足类
包括乌贼和鱿鱼等。

鱼类
包括辐鳍鱼类和软骨鱼类等。

同类
大型沧龙会掠食小型沧龙。

古怪的牙齿

　　异齿沧龙是种生活在白垩纪晚期北非摩洛哥的小型沧龙，体长约 1.5 米的它们是沧龙家族里的小不点。龙如其名，异齿沧龙身上最大的特点就是奇特的牙齿：它们的牙齿短而扁，顶部压缩，尖端向后弯，看起来像一排锯齿。这种结构的牙齿在沧龙中绝无仅有，反而和一些鲨鱼的牙齿类似。学者推测，这种牙齿适合切割，捕猎时能从猎物身上割下一大块皮肉。

潘诺尼亚龙

Pannoniasaurus ·······

分布: 欧洲 匈牙利　　生存时间: 白垩纪晚期
种类: 有鳞目·沧龙科　　体长: 6米

· 学名取自罗马帝国的潘诺尼亚行省（匈牙利部分地区曾属于此地）。
· 属于沧龙科中的特提斯龙亚科。
· 已发现多具不同年龄段的化石。
· 化石都存放在匈牙利自然历史博物馆。

奇异潘诺尼亚龙
Pannoniasaurus inexpectatus

头部细长

可能长有趾爪

尾巴极长

1米

化石出土于匈牙利地区。

栖息于淡水流域，不会下海。

潘子, 淡水你把握不住。

把握得住。

当地河流中的顶级掠食者

← 没有尾叶

· 包科尼翼龙
· 气腔盗龙
· 栅齿龙
· 奥伊考角龙
· 匈牙利龙
· 矾鸟

潘诺尼亚龙周围生活着各种恐龙和翼龙。

你说呢?

你没法玩手机吗?

尽管没有发现趾骨，但科学家推测它们拥有带趾爪的趾头，而非特化的鳍状肢。

磷酸盐·龙
Phosphorosaurus

· 属于沧龙科中的大洋龙亚科。

· 首具化石于 1889 年出土，2015 年又发现了一个新种。

· 可能以头足类和鱼类为食。

美溪磷酸盐龙

Phosphorosaurus ponpetelegans

眼睛朝前

个头较小

1米

化石出土于比利时和日本。

得名于化石附近的磷酸盐矿。

视力极佳，能在昏暗的水下看清猎物。

我在等猎物。

我在等兔。

泳速不快，擅长埋伏捕猎。

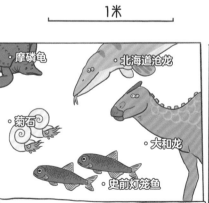

摩磷龟

北海道沧龙

菊石

大和龙

史前灯笼鱼

磷酸盐龙周围生活着种类丰富的各种动物。

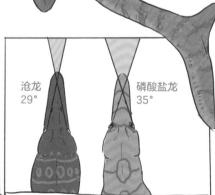

沧龙
29°

磷酸盐龙
35°

视野重叠范围大，具有双目立体视觉。

由古生物学家威廉·科尼比尔命名，本意是"默兹河蜥蜴"。

中文名由我国古生物学先驱杨钟健先生翻译为"沧龙"。

是能够维持体温相对稳定的恒温动物，可以适应较冷的水域。

霍夫曼沧龙
Mosasaurus hoffmannii

脑袋较长
↓

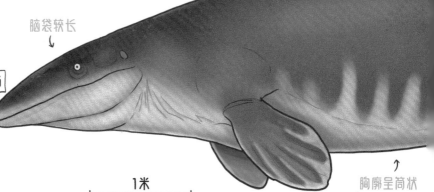

1米

胸廓呈筒状
↑

我喷香水了。 抱歉!

嗅觉较差，但视力很好。

身形细长，和早期鱼龙、早期鲸类等趋同。

在一块菊石化石上曾发现大沧龙和小沧龙的咬痕，不确定是育幼行为还是抢夺食物。

沧龙
Mosasaurus

· 最早发现和命名的沧龙科动物，同时也是人类最早发现的史前海生爬行动物之一。

· 分布广泛，可以适应不同纬度的水体环境。

· 种类较多，体形差异很大。

← 躯干细长

鱼鳍状尾鳍 ↓

电影怪物

　　沧龙曾在好莱坞电影《侏罗纪世界》系列中大出风头，在片中沧龙体大如蓝鲸，身披铠甲，吞鲨食龙风光无限。事实上，电影里的沧龙和现实生活中的差异极大，是制片方在沧龙基础上设计出来的"怪物"。真正的沧龙不仅体形没有那么大，体表的鳞片也相对光滑，没有骇人的铠甲。

"六百瓶美酒换沧龙"

其实早在 1764 年，荷兰马斯特里赫特的采石工人就在采石场里挖出了一些巨大又古怪的化石，这些化石两年后被一位名叫德劳因的军官收藏，随后辗转到了哈勒姆的泰勒斯博物馆。这是目前已知最早的关于沧龙化石的记载，但是真正让沧龙名声大震的则是第二具，外号"马斯特里赫特大怪物"的化石标本。这件化石于 1780 年出土，最终在

1794 年随着马斯特里赫特被法军攻占，以战利品的身份被运往法国。法国学者福哈斯曾参与化石掠夺，并以文字的形式记载了"六百瓶美酒换沧龙"的传奇故事。尽管后世很多研究人员都在质疑福哈斯故事的真实性，但不可否认，关于发现沧龙的神奇故事在沧龙研究乃至古生物学史上，都留下了浓墨重彩的一笔。

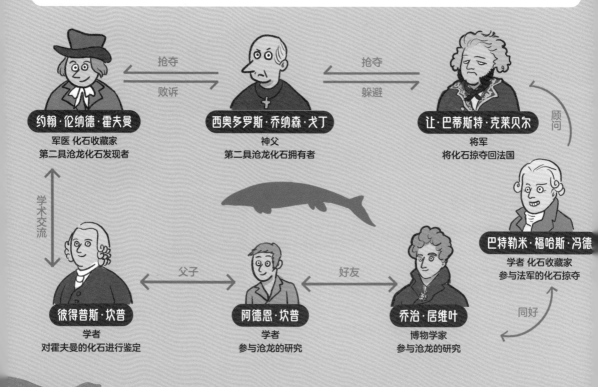

约翰·伦纳德·霍夫曼
军医 化石收藏家
第二具沧龙化石发现者

西奥多罗斯·乔纳森·戈丁
神父
第二具沧龙化石拥有者

让·巴蒂斯特·克莱贝尔
将军
将化石掠夺回法国

抢夺 / 败诉

抢夺 / 躲避

顾问

彼得普斯·坎普
学者
对霍夫曼的化石进行鉴定

阿德恩·坎普
学者
参与沧龙的研究

乔治·居维叶
博物学家
参与沧龙的研究

巴特勒米·福哈斯·冯德
学者 化石收藏家
参与法军的化石掠夺

学术交流

父子

好友

同好

1780年

霍夫曼是荷兰马斯特里赫特的一位军医，他也是化石收藏家。他经常犒赏采石场的工人，以此获得稀奇的化石。

1786年

霍夫曼从采石场得到了一块巨大又怪异的动物化石，他写信请教了著名学者彼得普斯·坎普，后者认为这是一只鲸鱼的骨头。

霍夫曼的化石引起了当地神父戈丁的注意，化石发现地的产权属于他。通过教会和法庭施压，他从霍夫曼手中夺得了化石。

1794年

法国军队攻占马斯特里赫特，克莱贝尔将军盯上了声名远播的巨大化石。戈丁神父迫于无奈将化石藏了起来。

为了得到化石，克莱贝尔悬赏600瓶葡萄酒，第二天就有12个掷弹兵扛着化石回来领赏。

化石作为战利品运回法国，最终交给法国国家自然历史博物馆的博物学家乔治·居维叶研究。

1808年

经鉴定，居维叶认为这个新物种和巨蜥亲缘关系很近，这一观点与老坎普的儿子阿德恩·坎普不谋而合。

105

似长吻鳄龙
Gavialimimus ·············

📍 分布: 非洲 摩洛哥　　⏱ 生存时间: 白垩纪晚期
🔖 种类: 有鳞目·沧龙科　　📏 体长: 5~7米

· 已发现较完整的头骨和其他化石。
· 曾被当作一种板踝龙，2020年才独立成新属。
· 展现了沧龙类的多样性。

1米

摩洛哥似长吻鳄龙
Gavialimimus almaghribensis

吻部细长

学名本意是"长吻鳄的模仿者"
指其颌部细长类似现代长吻鳄

牙齿锋利　牙齿间距较宽

牙齿尖锐，彼此间距较宽，
嘴巴闭合时上下颌牙齿可以紧锁。

· 彻纳恩龙
· 窃颈龙
· 异域龙
巴巴里翼龙
· 摩磷龟

似长吻鳄龙附近还发现了蛇颈龙类、
龟类、翼龙和恐龙等诸多史前生物。

给我!
还好我
爱吃鱼。

似长吻鳄龙的食性避开了与其他
大型沧龙类的竞争。

这样的结构适合捕捉滑溜溜
的小鱼，一旦被捕获就难以逃脱。

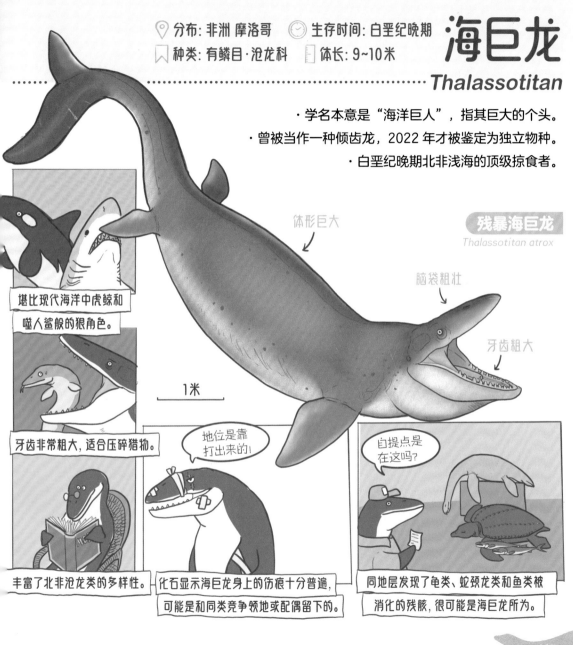

分布: 非洲 摩洛哥　生存时间: 白垩纪晚期

种类: 有鳞目·沧龙科　体长: 9~10米

海巨龙
Thalassotitan

·学名本意是"海洋巨人",指其巨大的个头。

·曾被当作一种倾齿龙,2022年才被鉴定为独立物种。

·白垩纪晚期北非浅海的顶级掠食者。

体形巨大

残暴海巨龙
Thalassotitan atrox

脑袋粗壮

牙齿粗大

1米

堪比现代海洋中虎鲸和噬人鲨般的狠角色。

牙齿非常粗大,适合压碎猎物。

地位是靠打出来的!

自提点是在这吗?

丰富了北非沧龙类的多样性。

化石显示海巨龙身上的伤痕十分普遍,可能是和同类竞争领地或配偶留下的。

同地层发现了龟类、蛇颈龙类和鱼类被消化的残骸,很可能是海巨龙所为。

·巴巴里翼龙

·窃颈龙

·球齿龙

·层齿鱼

·角鳞鲨

·似长吻鳄龙

·异海龟

·矛齿鱼

·沧龙

·摩磷鳄

沧龙之国

　　欧立德阿卜敦盆地是北非国家摩洛哥最大的磷酸盐沉积地，更是享誉国际的化石产地。这里出土了包括沧龙、大洋龙、球齿龙、平齿龙和海巨龙在内的大量沧龙化石，种类丰富令人啧啧称奇。此外这里还生活着蛇颈龙类、鱼类、龟类、恐龙、翼龙和鳄类等大量古生物，是近十年来古生物学家研究的焦点。

·海巨龙

·摩磷龟

·异齿沧龙

浮龙

Plotosaurus ·····

分布: 北美洲 美国 　**生存时间:** 白垩纪晚期
种类: 有鳞目·沧龙科 　**体长:** 约9米

· 学名含义是"泳者蜥蜴"。
· 最迟出现的沧龙类动物之一。
· 身体结构高度适应海生生活。
· 温暖浅海的速度型猎手。

本尼森浮龙
Plotosaurus bennisoni

头部狭长

鱼尾状
尾鳍

躯干浑圆

指骨增多

1米

化石由高中生艾伦·尼尔森
于加利福尼亚首次发现。

古生物学家查尔斯·坎普鉴
定其为沧龙类的一员。

2厘米

身体覆盖着细腻的鳞片。

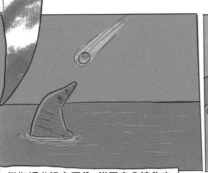

学人精。

假如浮龙没有灭绝，说不定会演化出
"鱼形沧龙"。

浮龙的身体结构和鱼龙类十分类似。

宽大的尾鳍可以提升速度。

还有哪些有趣的古生物?

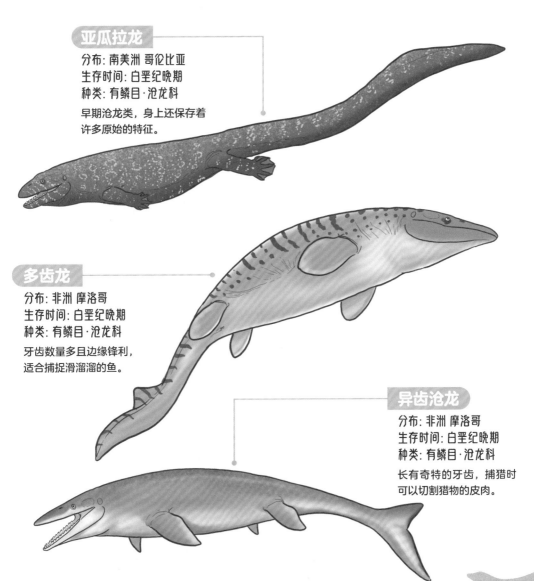

亚瓜拉龙

分布: 南美洲 哥伦比亚
生存时间: 白垩纪晚期
种类: 有鳞目·沧龙科

早期沧龙类, 身上还保存着
许多原始的特征。

多齿龙

分布: 非洲 摩洛哥
生存时间: 白垩纪晚期
种类: 有鳞目·沧龙科

牙齿数量多且边缘锋利,
适合捕捉滑溜溜的鱼。

异齿沧龙

分布: 非洲 摩洛哥
生存时间: 白垩纪晚期
种类: 有鳞目·沧龙科

长有奇特的牙齿, 捕猎时
可以切割猎物的皮肉。

创作手记

"海爬" 的旧闻和新知

　　中生代的海洋被各种各样的海生爬行动物（以下简称"海爬"）统治着，它们来自不同的家族，长相和个头也差异极大。其中蛇颈龙类、鱼龙类和沧龙类种类最多、分布最广、名气最大，是人类最熟悉的海爬。然而，中生代海爬是如此的神秘，以至于我们对它们的了解一直都如雾里看花，仿佛被亿万年时间隔了一层薄纱。这无疑对古生物学家以及古生物艺术家复原史前海爬提出了不小的挑战。

· 鱼龙类、沧龙类和蛇颈龙类是人类最熟悉的史前海生爬行动物。

· 在老式的复原中蛇颈龙类可能会频繁上岸。

在一些老旧的纪录片或科普书里，我们往往能看到蛇颈龙类动物爬上礁石或岸边晒太阳的场景。这种行为或许是参考现代海鬣蜥等依赖海洋生活的爬行动物：它们需要通过阳光获得一天活动所需的能量。可是，近年来的研究却显示蛇颈龙类体内可能拥有恒温的机制，有些种类还长有厚厚的脂肪来抵御冰冷的海水，即使在极地海域也能自在活动。除此之外，不少蛇颈龙类动物也发现有胎生的化石证据，它们可能一生都在海洋中生活，并不需要上岸。

· 生活在科隆群岛的海鬣蜥是现代为数不多适应海生生活的蜥蜴，但它们仍需上岸晒太阳以及产卵。

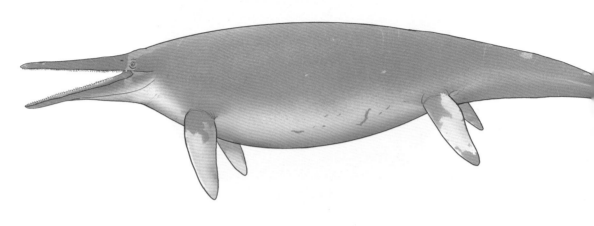

· 最新研究表明肖尼鱼龙可能是种凶猛的巨型掠食者。

　　鱼龙家族作为中生代三代海爬家族中最像鱼的一类，它们的演化历程展现了水陆两栖的动物是如何一步步适应了海洋生活：它们躯体的轮廓转向流线型，尾鳍特化成类似鱼尾的形状，后期的一些种类甚至在模样上和现代海豚高度相似。在许多人印象中，鱼龙都是一群人畜无害的小可爱，只能欺负鱿鱼和菊石等小动物，面对凶悍的上龙类只能乖乖地束手就擒。然而越来越多化石证据向人们还原出鱼龙家族的另一面：很多鱼龙都演化出锋利的牙齿和强悍的颌部，搭配上巨大的体形，让它们成为当地海洋生物的噩梦——甚至过去一度被认为是温柔巨人的肖尼鱼龙，如今也被一部分学者认为是迅猛的巨型掠食者。

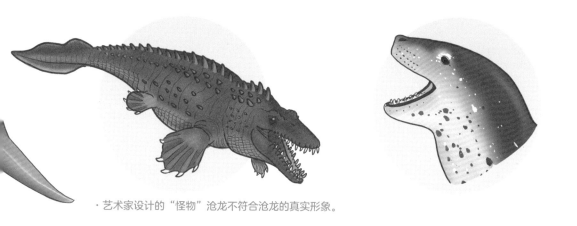

· 艺术家设计的"怪物"沧龙不符合沧龙的真实形象。

相对于鱼龙和蛇颈龙这两位老前辈，沧龙可谓是大器晚成的后生，它们在白垩纪匆匆登场，在短时间内从无名小卒崛起为称霸全球的顶级掠食者。在一些游戏和影视剧作品里，沧龙常常被设计成獠牙外露、身披盔甲和利刺的形象。这种看似恐怖可惧的"怪物"形象和沧龙类真实的形象相去甚远：化石告诉我们，沧龙的体表覆盖着细腻光滑的鳞片，身上没有凹凸不起的棘刺。它们的鳍状肢呈桨状，尾鳍更特化成鲨鱼尾似的尾叶，这些都是沧龙类高度适应海生生活的证明。

史前海爬的颜色该如何复原呢？已有的线索显示，和大白鲨等现代的大型海洋掠食者类似，一部分沧龙类动物的颜色是上深下浅的"荫蔽色"，这种独特的配色可以让它们在靠近猎物时不被发现，也可以防备其他掠食者的袭击。自然

界是最好的美术老师，现代动物的配色也是古生物复原画师复原史前生物的重要参考和依据。如上图的豹海豹和虎鲸，它们富有特色的花纹让我在创作过程中印象深刻。

哪些史前海爬参考了这两种动物的配色？你能在书中找到它们吗？

参考文献

[1] 麦克·J.本顿.古脊椎动物学 [M].4 版.北京:科学出版社,2017.

[2] 朝日新闻出版.46 亿年的奇迹:地球简史丛书 [M].北京:人民文学出版社,2020.

[3] 李锦玲,金帆.畅游在两亿年前的海洋 [M].北京:科学出版社,2009.

[4] 王原,吴飞翔,金海月.证据:90 载化石传奇 [M].北京:中国科学技术出版社,2019.

[5] 史蒂夫·怀特.恐龙艺术:世界顶级大师的恐龙世界 [M].北京:人民邮电出版社,2014.

[6] 赵闯,杨杨.PNSO 海洋博物馆.沧龙的秘密 [M].北京:电子工业出版社,2021.

[7] 赵闯,杨杨.PNSO 海洋博物馆.蛇颈龙的秘密 [M].北京:电子工业出版社,2021.

[8] 赵闯,杨杨.PNSO 海洋博物馆.上龙的秘密 [M].北京:电子工业出版社,2021.

[9] 赵闯,杨杨.PNSO 海洋博物馆.鱼龙的秘密 [M].北京:电子工业出版社,2021.

[10]舒柯文,王原,楚步澜.征程:从鱼到人的生命之旅 [M].北京:科学普及出版社,
2017.

[11]邢立达,杨鹤林.海龙大传 [M].北京:航空工业出版社,2010.

[12]邢立达.探索史前的奥秘 [M].北京:航空工业出版社,2010.

[13]布赖恩·斯威特克.我心爱的雷龙 [M].北京:人民邮电出版社,2016.

[14]汉娜·邦纳.那时候鱼儿还有脚,鲨鱼刚长牙,虫子到处爬 [M].北京:北京联合出版
公司,2016.

[15]汉娜·邦纳.那时候恐龙开始茁壮,哺乳类东躲西藏,翼龙展翅飞翔 [M].北京:北京
联合出版公司,2016.

[16]汉娜·邦纳.那时候恐龙吃什么? [M].北京:北京联合出版公司,2019.

［17］川崎悟司 . 跟动物交换身体 [M]. 长沙: 湖南文艺出版社, 2021.

［18］川崎悟司 . 跟动物交换身体 2 [M]. 长沙: 湖南文艺出版社, 2022.

［19］川崎悟司 . 我祖上的怪亲戚 [M]. 福州: 海峡书局, 2021.

［20］Gregory S. Paul .The Princeton Field Guide to Mesozoic Sea Reptiles[M]. Princeton: Princeton University Press, 2022.

［21］Tom Parker .Saurian—A Field Guide to Hell Creek[M]. Minneapolis: Titan Books, 2021.

［22］Steve White/ Darren Naish.Mesozoic Art: Dinosaurs and Other Ancient Animals in Art[M]. London: Bloomsbury Wildlife, 2022.

［23］Michael J. Benton/Bob Nicholls.Dinosaurs: New Visions of a Lost World[M]. London: Thames & Hudson, 2021.

［24］Michael J. Everhart .Oceans of Kansas: A Natural History of the Western Interior Sea (Life of the Past)[M] .Bloomington: Indiana University Press, 2021.

［25］Dean R. Lomax / Robert Nicholls .Locked in Time: Animal Behavior Unearthed in 50 Extraordinary Fossils[M] .New York: Columbia University Press, 2021.

谢谢大家!

致谢

　　感谢邢立达、张劲硕、钮科程等老师在专业知识和化石资料上提供的帮助。感谢《博物》杂志张辰亮、董子凡等老师在连载及成书期间提供的帮助。感谢章浩臻、薛文、叶健豪、王一凡、韩志信、陈耀、陈瑜、睢鸠九毛九、棕色芦花鸡、长鲸吟、长洲沈子、Dominnic兰、赵鲁齐、罗腾达、袁畅、蛟渊祭、阿獠娜、白腰雨燕swift、鬼谷藏龙、陈江源、喵鱼酱、孟溪、伟大的扫把、神棘、老牛头、彭楚尧、发癫Nemo等各位朋友在创作时提供的建议和帮助。感谢周卓诚、蘸盐、花落成蚀、植物眼、安迪斯晨风、孙小社、冉浩、宝树、敦煌郡公、张帆、三蝶纪、fam、王宽、天冬、佛心蛊、翅膀喵等老师长期以来的支持。感谢编辑李文瑶老师和梁蕾老师在本书出版期间付出的努力，感谢杨哲老师精致的设计。感谢我的父母、亲友给予的鼓励。特别感谢彭女士在创作期间给予的关心和照顾。

古生物学是一门充满魔力的学科，它以生物学的繁华和秩序为底色，让人认识到宏大的物种多样性和它们之间千丝万缕的关系与羁绊；它同时又拥有历史学的厚重感，将时间的指针镌刻在学科的每个细微之处；同时，它还交叉了地理学的广阔，可以在一个涉世未深的孩子心中展开一张广阔的"全球寻宝图"。

得益于社会的高速发展和互联网的便利，常以丛草为林、虫蚁为兽，看着数码宝贝进化一路长大的那群 90 后孩童，已经使古生物这门古老而传统的贵族学科发生了一些变化。如今有人成为古生物科研的新生力量，有人登上了大众科普的主舞台，有人依旧怀着那份热爱在茶余饭后默默了解学科动态。我在二十岁出头成为一个初生牛犊不怕虎的博物馆馆长，这头不曾被生活捶过的牛犊生猛，满怀热爱与理想，试图在这片土地上建立一个理想中的专业自然博物馆平台。

十年前，化石网的朋友曾带我去中国科学院南京地质古生物研究所拜访袁金良——一位三叶虫研究领域

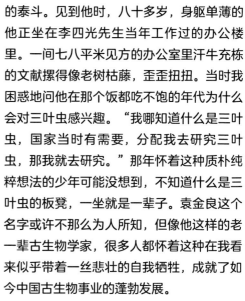

的泰斗。见到他时，八十多岁，身躯单薄的他正坐在李四光先生当年工作过的办公楼里。一间七八平米见方的办公室里汗牛充栋的文献摆得像老树枯藤，歪歪扭扭。当时我困惑地问他在那个饭都吃不饱的年代为什么会对三叶虫感兴趣。"我哪知道什么是三叶虫，国家当时有需要，分配我去研究三叶虫，那我就去研究。"那年怀着这种质朴纯粹想法的少年可能没想到，不知道什么是三叶虫的板凳，一坐就是一辈子。袁金良这个名字或许不那么为人所知，但像他这样的老一辈古生物学家，很多人都怀着这种在我看来似乎带着一丝悲壮的自我牺牲，成就了如今中国古生物事业的蓬勃发展。

科学需要讲故事。如果说做科研写论文是给以审稿人为代表的科学家群体讲故事，以期说服审稿人接受自己新的科学观点，那么做科普便是把科学家的专业论文，转化为通俗准确的大众故事。蔡沁拥有这个能力向读者来讲述科学故事，同时他拥有媲美学者的细致与严谨。

《史前生物你叫啥》系列丛书，无疑是目前最精彩的古生物科普图书之一，全书由浅及繁，从地史基础、生物分类法等一系列学科底层逻辑，引入多样性极丰富的古生物

繁花深处。作者挑选了一系列长相怪异、行为怪异、发现故事曲折离奇的史前怪咖立档造册，试图用它们激起各位的好奇心和探索欲。就像童年买小当家干脆面收集人物卡片，一张张鲜活的卡片让人愈发想去了解他们背后的故事。这些怪物到底生活成长在怎样的环境中？他们的身世又是如何？他们的结局又是何去何从？这一系列的疑问恰恰对应了一个个具体严谨的科学问题。同样，学科发展史里的一段段故事，也是古生物学的重要组成部分，这些交织着人文情怀的内容，也可以帮助读者更好地了解学科全貌，了解有血有肉的丰满科学家形象。科学家也有性格，甚至也有面对错误时的尴尬和头脑发热的蛮横时刻，科学的发展也是不断地发现和纠错的过程。

作者将抽象的化石材料扁平化，从化石结构到形态学功能的推测，完整揭示了进行科学复原的逻辑本末，更用心地引入了如互相捕食和胃容物的化石记录，将古食物链和食物网的概念灌输在化石材料中，与古生态古环境进行串联，让古生物面向大众时不再是单一的物种故事。同时，书中也用了很多篇幅来讲述许多古生物名字的由来，考证词源和古生物学家在命名时的思考，为大众植入更加鲜活的学科形象。总之，作者通过这些凝结在细节中的心血，将古生物虚掩的大

门向公众更直观地打开。愿各位享受这一场古生物盛宴后，可以带走一丝好奇和对这个星球的热爱。

最后，感谢各领域内出色的专家学者们为本书做出的贡献。感谢中国科学院古脊椎动物与古人类研究所徐光辉研究员针对中生代鱼类给出的指导和建议；感谢英国伯明翰大学利华休姆博士后研究员秦子川博士在龙鸟演化内容中给出的专业意见；感谢中山大学特聘副研究员陈鹤博士在翼龙方面给出的专业性指导和建议；感谢中国科学院古脊椎动物与古人类研究所特别研究助理 Paul Rummy 博士在鳄类方面给出的专业性指导；最后，特别感谢中国科学院古脊椎动物与古人类研究所王维副研究员在海生爬行类这本书内容上的专业性指导。没有各位无私的奉献和付出，就没有这本精彩绝伦的古生物科普作品。

钮科程馆长
于福建省英良石材自然历史博物馆
2023 年 10 月 6 日